重点研发·乡村产业振兴农技丛书

 养殖实用技术

托乎提·阿及德　主编

中国农业出版社
北　京

编写人员

主　编　托乎提·阿及德

副主编　李　哲　肖海霞　海力且木·买买提依明

　　　　　郑新宝　谢俊龙

编　者　（按姓氏笔画排序）

　　　　　王　方　王　琼　艾尔肯·买提沙比尔

　　　　　托乎提·阿及德　刘新安　买买提·克玉木

　　　　　李　哲　杨明明　肖海霞　沙塔尔·加帕尔

　　　　　张　明　张国庭　张建玲

　　　　　阿布来提·苏莱曼

　　　　　阿依努尔·亚森　陈世军

　　　　　努尔尼萨·莫拉尼亚孜

　　　　　帕热哈提江·吾甫尔　　郑新宝

　　　　　热杰普·图尔苏尼亚孜　郭同军

　　　　　海力且木·买买提依明　谢立荣　谢俊龙

审　稿　韩国才　季跃光

　　岳普湖县地处新疆西南部，隶属新疆维吾尔自治区喀什地区，位于喀什东偏南，距喀什约79千米，距乌鲁木齐约1 566千米。岳普湖疆岳驴是以关中驴为父本、新疆驴为母本培育的适应本地自然环境的大型驴，其体形高大、耐粗饲、免疫力强。2001年6月，"疆岳驴"成为中国第一个驴品牌；2001年11月，岳普湖县被命名为"中国毛驴之乡"。

　　岳普湖县疆岳驴品种优良，具有疾病少、肉质好、性成熟早、繁殖率高、皮质坚韧、乳肉兼用等特点，而且驴奶是最接近人乳的奶中珍品，营养成分与人乳相似度达99%。发展驴产业，一方面市场竞争力强，产业发展周期持久，能够带动养殖户持续增收；另一方面能够引导扩大杂粮和牧草种植面积，有助于推进农业结构调整。2020年，岳普湖县有驴产业协会1个、龙头企业1家、养驴合作社3个。依托县内龙头企业全年累计销售驴奶约250吨。

为扩大岳普湖县疆岳驴产业优势，岳普湖县在发展本县驴产业的过程中坚持走市场化道路，形成了一条由传统农业向现代农业加速转变的新路子，培育和壮大了一批从事驴产品开发的企业。参与疆岳驴系列产品开发的企业有新疆玉昆仑天然食品工程有限公司、山东郓城宏伟集团食品有限公司、新疆达瓦昆畜牧生物科技有限公司、东阿阿胶岳普湖疆岳科技开发有限公司、新疆金胡杨药业有限公司。已开发有冻干全脂驴乳粉、五香驴肉等系列产品。

但是，养驴业整体科技含量较低，饲养管理粗放，饲养方法落后，经营管理不善，导致驴繁殖力、日增重、出栏率等生产性能低下。同时，新疆地区养驴技术推广体系成立不久，专业技术人员缺乏，农户生产经营效益不高，这在一定程度上也制约了养驴业的发展。为快速推广科学养驴技术，新疆畜牧科学院畜牧科学研究所马属动物研究室利用新疆维吾尔自治区重点研发计划"驴高效健康养殖技术集成示范"项目资金和自治区马（驴、驼）产业技术体系专家、新疆畜牧科学院人才资源，共同组织编写《疆岳驴养殖实用技术》一书，为新疆驴产业发展提供技术推广和培训材料。编写组在结合多年工作经验和南疆及新疆养驴生产实践基础上，查阅大量资料，主要从驴的类型和品种、选育与繁殖、饲养管理、疾病防治等方面编写本书，具有很强的针对性、实用性和可操作性，可供广大驴养殖户和技术人员学习和参考。

本书是业内同仁共同努力的结果。在此对所有为本书辛勤付出的专家致以诚挚的谢意。

由于时间和水平有限，书中难免有错误或不足之处，敬请读者予以指正。此外，书中所引用资料未能一一注明出处，在此特向各方表示由衷的歉意和谢意。

编　者

2021年11月1日

目 录

前言

第一章 《
新疆地区主要驴品种

一、疆岳驴

岳普湖县在1958—2000年，就开始从陕西引进关中驴，与新疆毛驴进行杂交和选育。新疆畜牧科学院1999年开始协助岳普湖县建立疆岳驴繁育基地，继续从陕西等地引入优质肉乳兼用种公驴与南疆土种驴进行杂交，以提高土种驴的生产性能。选配时，要求种公驴毛色纯正，黑白界限分明；体格高大，结构匀称；两睾丸大且对称；富有悍威，叫声洪亮，蹄大而圆。经过4次引入种公驴进行选种选配，在长期的自然选择和人工选择的作用下，形成了具有生长快、成熟早、产肉产奶多、肉乳品质好、周转快和经济效益高等优点的疆岳驴品种。

疆岳驴被毛短细，富有光泽，多为粉黑色，其次为栗色、青色和灰色。以被毛栗色和粉黑色，且黑（栗）白界限分明者为上选。特别是鬃毛及尾毛为淡白色的栗毛公驴，更受欢迎。

疆岳驴是中国第一个具有商标品牌的驴种。疆岳驴体格高大，结构匀称，外形美观，体型方正，头、颈、躯干结构良好，具有适应性强、耐粗饲、抗病力强等特点。1岁疆岳驴的平均体高、体长分别达成年驴的85%以上，屠宰率可达53%，出肉率高。每头疆岳驴每天产奶1.5千克左右，产奶期半年，最少产奶180千克，深受各地农民的喜爱。疆岳驴中心产区新疆喀什地区岳普湖县2001年被农业部命名为"中国毛驴之乡"。2011年年初，岳普湖县疆岳驴存栏量达到6.5万头，占该县驴总数的90.3%，已成为喀什地区大畜战略的主导部分，在农民增收、致富方面发挥着一定作用（图1-1、图1-2）。

图1-1　疆岳驴（公）　　　　图1-2　疆岳驴（母）

二、新疆驴

新疆驴主要分布在喀什、和田、克孜勒苏柯尔克孜自治州、巴音郭楞蒙古自治州等地区。甘肃的河西走廊，青海的农区、半农半牧区，以及宁夏的一些地区也有分布。

新疆驴体格矮小，体质干燥结实，头略偏大，耳直立，额宽，鼻短，耳壳内生有短毛。颈薄，鬐甲低平，背平腰短，尻短斜，胸宽深不足，肋扁平。四肢较短，关节干燥结实，蹄小质坚。毛色多为灰色、黑色。新疆驴1岁时有性欲，公驴2～3岁、母驴2岁开始配种，在粗放饲养和重役下，很少发生营养不良和流产。幼驹成活率在90%以上。新疆驴耐苦性强、抗病力好，不论天气和饲养条件多么恶劣都能生存。

新疆驴性情温和，乘、挽、驮皆宜。单套驴车、土路、载重560～700千克，单程6千米，日工作10～12小时，使役后半小时其呼吸、脉搏和体温均可恢复正常。屠宰率公驴49.54%，母驴56.38%（图1-3、图1-4）。

图1-3　新疆驴（公）　　　图1-4　新疆驴（母）

三、 吐鲁番驴

吐鲁番驴属大型役肉兼用型品种。以挽用为主，兼用乘、驮，近年来多向肉用、皮用方面发展。吐鲁番驴分布于新疆维吾尔自治区吐鲁番地区的吐鲁番市，以及邻近的托克逊县、鄯善县和哈密市。2008年吐鲁番驴存栏量为8 500头，其中母驴4 300头，种用公驴400头。2009年10月通过国家畜禽遗传资源委员会鉴定，同年被新疆维吾尔自治区评为二级优秀地方遗传资源品种，正式命名为"吐鲁番驴"（图1-5、图1-6）。

图1-5　吐鲁番驴（公）　　　图1-6　吐鲁番驴（母）

四、和田青驴

和田青驴（果洛驴、果拉驴）属肉奶兼用型品种，以拉车为主，兼用于乘、驮。和田青驴分布于新疆维吾尔自治区和田地区皮山县乔达乡、果拉乡等地。2008年和田青驴存栏量为3 652头，其中生产母驴2 583头，种用公驴1 069头。处于农户自繁自养状态。和田青驴2009年10月通过国家畜禽遗传资源委员会鉴定（图1-7、图1-8）。

图1-7　和田青驴（公）　　　　图1-8　和田青驴（母）

第二章 《
疆岳驴饲喂技术

疆岳驴饲养管理的优劣，对疆岳驴的生长发育、健康状况、繁殖能力、产肉和泌乳性能等都有重要影响。为达到科学饲养管理的目的，就必须了解疆岳驴精细化饲喂，以及其对各种饲料的利用和消化能力，掌握不同生理状况下驴的饲养管理原则和方法。

一、常用饲草料种类

（一）粗饲料

粗饲料的特点是粗纤维含量高、体积大、来源广、成本低、采集方便、加工简单、养分含量低。常用的粗饲料有苜蓿（干）（图2-1）、玉米秸秆（图2-2）、小麦秸秆、稻草（图2-3）、燕麦、大豆秸秆、花生秧、地瓜秧、牧草、甘草秧（图2-4）、杂草等。

图2-1 苜蓿

图2-2 玉米秸秆

图2-3 稻草 图2-4 甘草秧

1.青绿多汁饲料 主要包括牧草、叶菜、根茎等饲草,如苜蓿草、谷草、甘薯秧、花生蔓、野青草等。

2.青贮饲料 是指将新鲜青饲料如玉米秸秆、苜蓿等铡短、压实、密封后储存在青贮窖(塔、包)中,经发酵使其保持青绿、多汁、芳香的饲料。

(二)精饲料

精饲料的特点是体积小、粗纤维含量低(小于18%)、能量浓度高、可消化养分多。

1.能量饲料 常用的能量饲料有玉米、麸皮、燕麦、大麦、米糠、高粱、块根块茎(甘薯、马铃薯、南瓜、胡萝卜等)(图2-5至图2-8)。

图2-5 麸皮 图2-6 玉米

图2-7　甘薯

图2-8　胡萝卜

2.蛋白质饲料　常用的蛋白质饲料包括豆饼粕、菜籽饼粕、葵花饼、亚麻饼等（图2-9、图2-10）。

图2-9　豆粕

图2-10　菜籽饼粕

（三）复合预混料

复合预混料是将一种或多种微量组分（包括各种微量矿物元素、各种维生素、合成氨基酸、添加剂等）与稀释剂或载体按要求配比，均匀混合后制成的中间型配合饲料产品。其特点是减少了推荐配方中蛋白质原料的用量，满足了驴生长所需的维生素和矿物质等需求，为用户节约饲料费用。

驴常用的复合预混料有：

1.矿物质饲料　常用的矿物质饲料有骨粉、贝壳粉、石粉、食盐、磷酸钙、磷酸氢钙和微量元素添加剂等。

2.微量元素　常用的微量元素饲料主要有维生素A、维生素D、维生素E、必需氨基酸等。

二、疆岳驴饲喂原则

1.定时定量，少给勤添

（1）疆岳驴具有胃容积小、贲门紧缩及胃中食糜转移快等消化生理特点。定时定量有利于后期行为的建立和食物的消化吸收。

视频1

（2）有全混合日粮（TMR）制作条件或者制粒机的养殖场可以饲喂3次，没有的可以根据驴的不同生理阶段进行不同时间段的饲喂。

（3）每次饲喂的时间和数量都要固定，使驴建立正常的条件反射。

（4）少给勤添，可保证饲料新鲜，驴食欲旺盛，促进驴消化液的分泌，提高饲料利用率。

（5）分槽定位。即依驴的用途、性别、年龄、体重、个性、采食快慢分槽定位，以免争食。哺乳母驴的槽位要适当宽些，以便驴驹吃奶和休息。

2.适当加工，先草后料

（1）驴口裂小，采食慢，对大而长的粗饲料不易采食。因此，应对长茎粗杆饲料进行加工，提高采食速度和饲料利用效率。

（2）草短干净，先粗后精，少给勤添。即喂驴的草要铡短（3～4厘米），喂前要筛去尘土，挑出长草，拣出杂物。料粒不宜过大。每次饲喂要掌握先给草，后喂料；先喂干草，后拌湿草的原则。拌草的水量不宜过多，使草粘住料即可。

（3）"先粗后精"或者"先草后料"的饲养方式，可刺激驴消化液的分泌，提高饲料利用率，也可防止因贪食引起的消化道疾病。

3.合理搭配，循序渐进

（1）饲料要多样化，做到营养全面。含有幼嫩青草、多汁的饲料可增加适口性。

（2）切忌突然更换饲料，应循序渐进，特别是从完全的草料向大量精饲料转换。例如，需要增加谷类饲料时，可每隔2～3天定量增加200克，直到达到期望水平。突然变更饲料，破坏了原来的条件反射，会引起驴消化道疾病，如疝痛、便秘等。

4.因地制宜，灵活应用 在注意饲料适口性的前提下，要充分利用当地饲草料资源，合理搭配，发挥当地饲草料的生产能力，降低饲养成本。

5.保持清洁，注意观察 饲养管理人员要做到"三勤、四净"。"三勤"即饲养员要眼勤、手勤、腿勤；"四净"即草净、料净、水净、槽净。

注意观察驴的采食、饮水状况，粪便的形状、数量、粪球润滑程度，以及排尿次数、尿液的颜色等，密切注意有无异常举动和体况变化等。切忌饲喂发霉变质的饲料。

视频2

三、全株玉米青贮技术

（一）全株玉米青贮的定义

全株玉米青贮是指在玉米籽粒成熟前，利用田间收获的整株带穗玉米为新鲜原料，经过铡短、切碎等加工处理后立即进行填装压实，经过一段时间厌氧发酵而制成的一种便于长期保存的饲料。其具有颜色黄绿、气味酸香、柔软多汁、适口性好、营养丰富等特性，是草食动物的重要纤维性饲料原料（图2-11至图2-14）。

图2-11 田间收割玉米

图2-12 玉米填装压实

图2-13　全株玉米青贮原料　　图2-14　全株玉米青贮饲料

（二）全株玉米青贮的特点

全株玉米青贮颜色黄绿、气味酸香、柔软多汁、适口性好、营养丰富。

（三）全株玉米青贮的制作过程

1. **收割、切碎和原料运输**　收割、切碎要点：收获时间为玉米蜡熟期；全株玉米青贮收获时留茬高度为15 ～ 20厘米；适宜的切碎长度为1 ～ 2厘米；收获机械配备籽粒破碎装置（图2-15、图2-16）。

图2-15　蜡熟期的全株青贮玉米　　图2-16　收割机械

2.**装填和压实** 装填和压实同时交替进行，装填厚度不超过30厘米；原料装填均匀，压实紧密（图2-17）。

3.**密封和储藏** 封窖时尽力排挤残留在青贮膜内的空气，储藏过程中应注意加强管理。

全株玉米青贮的储藏设施有平面堆积青贮设施、裹包青贮设施、袋式灌装青贮设施、青贮壕、青贮塔、青贮窖（图2-18）。

图2-17 装填和压实同时交替进行

图2-18 密封和储藏

（四）全株玉米青贮的注意事项

1.**根据玉米籽粒的乳线位置判断收获期** 玉米生长处于乳熟期时，乳线（黄白分界线）位置在1/3处，此时粒透明，胚乳呈乳状至糊状，干物质含量为24%～28%。处于蜡熟期时，乳线位置在1/2处，胚乳呈蜡状，籽粒干重最大化增长。蜡熟期全株玉米具有较高的干物质和淀粉含量，青贮玉米饲料淀粉含量与产奶净能、产奶量皆呈正相关，故全株玉米青贮最佳收割期为蜡熟期，即乳线1/2～3/4处，此时干物质含量为30%～35%，淀粉含量也处于较高水平。

2.**原料含水量应适宜** 青贮玉米收获时适宜含水量为65%～70%。如果水分含量过高，原料切碎时汁液流出，可溶性营养物质损失多，且易造成不良发酵，使青贮发臭、发黏，污染环境。如果水分含量过低，原料可消化营养物质较少，且制作青贮时不易压实，使设施内残存较多空气，好氧性微生物大量繁殖，青贮饲料发霉腐败。

原料含水量判断方法（手握法）：抓一把青贮原料，用力握紧1分钟左右，如有渗出液，松手后呈球状，则含水量为75%～80%；如松手后草球缓慢散开，手上无水，则含水量为65%～75%（最佳）；如松手后草球快速散开，则含水量在65%以下。

（五）全株玉米青贮评价

1. 优质全株玉米青贮

（1）眼观 黄绿色，茎叶保持原状，易辨认和分离。

（2）手拿 松散柔软，略湿润，不沾手。

（3）鼻嗅 气味酸香、柔和，不刺鼻。

（4）pH计检测 青贮最佳pH是3.7～4.2（图2-19）。

2. 劣质全株玉米青贮

图2-19 优质青贮

（1）饲喂危害 采食量下降，霉菌超标造成腹泻、流产。

（2）眼观 褐色或黑色结成一团，分不清原结构。

（3）鼻嗅 霉味，臭而难闻。

（4）手握 腐烂发黏，有渗液（图2-20）。

图2-20 劣质青贮

（六）全株玉米青贮饲喂注意事项

1. 季节因素

（1）炎热夏季 避免二次发酵，迅速按序分层取料，合理安排取料用量，保证饲料新鲜，防止霉变。

（2）寒冷冬季　避免饲料结冰、饲料回温再饲喂，尽量白天取料，检查饲料杜绝霉变。

2.取料方法

（1）从较低处开窖，避免雨水倒灌。

（2）截面整齐、减少暴露面。

（3）依次取料，从上至下，从左至右（或相反）。

（4）弃用霉变饲料，包括窖前部、窖后部和靠近吊顶以及窖两侧30厘米的青贮饲料。

3.饲喂注意事项

（1）不宜单独饲喂，要与干草或精饲料混合后饲喂。

（2）饲喂全混合日粮（TMR）或先喂全株玉米青贮，然后给予干草和精饲料。

（3）由少到多，逐渐过渡，可采取1/4、2/4、3/4和4/4饲喂法过渡。

（4）饲喂比例不宜过高，应在精饲料中加入适宜的小苏打。

四、驴精细化饲喂技术

（一）驴规模化养殖饲喂技术

1.种公驴饲喂技术

（1）非配种期种公驴饲喂技术（当年9月至翌年2月）9：00，观察驴健康状态，清理饲草料通道、准备饲料。

10：00，每头驴先喂2～4厘米长的铡短玉米秸秆2～2.2千克，然后喂玉米0.15千克、豆粕0.2～0.25千克、食盐0.015～0.02千克，以及专用复合预混料0.03～0.05千克。

图2-21　规模化养殖种公驴

15：00，饲喂程序和饲料配方与10：00时相同。

21：00，饲喂程序和饲料配方与10：00时相同。

以体重300千克计算，每头驴每天喂粗饲料6～6.6千克、精饲料补充料（以下简称精补料）1.2～1.4千克（图2-21）。

（2）配种期种公驴饲喂技术（当年3—8月）8：00，观察驴健康状态，清理饲草料通道、准备饲料。

9：00，每头驴先喂2～4厘米长的铡短玉米秸秆2～2.5千克，然后喂玉米0.3～0.4千克，豆粕0.2～0.25千克、食盐0.02～0.025千克，以及专用复合预混料0.05千克。

14：00，与9：00时完全相同。

20：00，与9：00时完全相同。

24：00，每头驴喂2～4厘米长的铡短玉米秸秆1千克。

以体重300千克计算，每头驴每天喂粗饲料6～8.5千克，精补料1.71～2.18千克。

2. 空怀母驴饲喂技术　每天喂3次，时间平均分配，具体饲喂时间可参照种公驴。粗饲料（玉米秸秆为主）每天饲喂量为驴体重的1.5%～1.8%，每头驴每天饲喂为3.8～4.5千克。

精补料由玉米、麸皮、豆粕、食盐和专用复合预混料组成，每头驴每天饲喂量：玉米0.4千克（配种前1～2个月可增加每天喂量至0.5千克）、麸皮0.25千克、豆粕0.4千克（配种前1～2个月可增加每天喂量至0.5千克以上）、食盐0.03～0.04千克、专用复合预混料0.075千克。

以体重250千克计算，每头空怀母驴每天喂粗饲料3.8～4.5千克，精补料1.2～1.4千克（图2-22）。

由表2-1可知，空怀母

图2-22　规模化养殖空怀母驴

驴日粮中添加全株玉米青贮可提高其营养物质表观消化率、平均日增重和降低料重比，其中40%组为最佳。

表2-1　空怀母驴试验饲粮组成及营养水平（干物质基础，%）

原料	组　　别				
	对照组	10%全株玉米青贮组	20%全株玉米青贮组	30%全株玉米青贮组	40%全株玉米青贮组
全株玉米青贮	0.00	6.78	14.39	22.99	32.79
玉米	18.98	15.50	11.58	7.16	2.13
麦麸	9.59	9.59	9.59	9.59	9.59
豆粕	4.31	4.10	3.87	3.61	3.32
苜蓿	18.32	19.37	20.56	21.90	23.42
玉米秸秆	45.80	41.66	37.01	31.75	25.75
预混料	3.00	3.00	3.00	3.00	3.00
合计	100.00	100.00	100.00	100.00	100.00

3. 妊娠母驴饲喂技术　每天喂3次，时间平均分配，具体饲喂时间可参照种公驴。粗饲料（玉米秸秆为主）参考每天喂量为驴体重的1.5%～1.8%，每头驴每天饲喂3.75～4.5千克。

视频3

妊娠前6个月每头驴每天饲喂量：玉米0.5千克、麸皮0.25千克、豆粕0.4千克、食盐0.035千克、专用复合预混料0.075千克。

妊娠后6个月逐渐增加精饲料补充料饲喂量，同时减少粗饲料饲喂量。每头驴每天饲喂量：玉米0.5～1.4千克、小麦麸0.25千克、大豆粕0.45～0.7千克、食盐0.035千克、专用复合预混料0.075～0.10千克（图2-23）。

图2-23　妊娠母驴

4.**泌乳母驴饲喂技术**　每天饲喂3次,时间间隔平均为宜。粗饲料以玉米秸秆为主,参考每天喂量为驴体重的1.4%～1.8%。精补料由玉米、麸皮、豆粕、食盐和专用复合预混料组成。

泌乳前3个月每头驴每天饲喂量:玉米1.8～1.6千克、麸皮0.25千克、豆粕0.87～0.80千克、食盐0.04千克、专用复合预混料0.1千克。

泌乳后3个月每头驴每天饲喂量如下:玉米1.6～1.0千克、麸皮0.25千克、豆粕0.80～0.65千克、食盐0.04千克、专用复合预混料0.1千克(图2-24)。

图2-24　泌乳母驴

5.**后备驴**(体重100千克以上至配种)**饲喂技术**　每天饲喂4次,时间平均分配为宜。粗饲料以玉米秸秆、小麦秸秆为主,每天饲喂量占体重的1.5%～1.7%,具体饲喂量视驴的月龄和体重决定。精补料由玉米、小麦麸、豆粕、食盐和专用复合预混料组成(玉米50%～55%,小麦麸20%,豆粕25%～15%,食盐1.0%～1.4%,小苏打0.5%,预混料5%)。精补料每头驴每天饲喂量为1.5～2.0千克。

对于育成公驴,通常随驴的月龄和体重的增长,粗饲料占日粮的比例增加,精补料比例减少,应视具体的饲养目标调整饲喂方案。

由表2-2可知,全株玉米青贮占粗饲料的比例为60%时,养殖经济效益最高,饲粮中小苏打水平正常即可,不需要因添加全株玉米青贮而额外增加小苏打。

表2-2　育成公驴试验饲粮组成及营养水平（干物质基础，%）

原料	组　别				
	对照组	30%全株玉米青贮组	30%全株玉米青贮组（加碳酸氢钠）	60%全株玉米青贮组	60%全株玉米青贮组（加碳酸氢钠）
全株玉米青贮	0.00	11.31	11.25	26.67	26.32
玉米	39.89	35.39	35.48	29.27	29.57
麦麸	9.96	9.96	9.96	9.96	9.96
豆粕	13.08	12.65	12.66	12.06	12.08
玉米秸秆	32.75	26.40	26.25	17.78	17.55
小苏打	0.34	0.31	0.42	0.28	0.54
预混料	3.98	3.98	3.98	3.98	3.98
合计	100.00	100.00	100.00	100.00	100.00

（二）驴庭院化养殖饲喂技术

1. 种公驴饲喂技术

（1）非配种期种公驴饲喂技术（当年9月至翌年2月）　每天饲喂3次，时间间隔均等为宜。粗饲料占驴体重的1.8%～2.0%，精补料占体重的0.3%～0.5%，混合后平均饲喂。

以体重300千克计算，每头驴每天喂粗饲料6千克左右、精补料1.0～1.5千克。粗饲料中，铡短或揉碎的干玉米秸秆或麦草4千克，苜蓿干草2千克；精补料配方为玉米33%（0.330～0.495千克）+麸皮33%（0.330～0.495千克）+豆粕31%（0.310～0.465克）+食盐3%（0.030～0.045千克）。特别强调，具备条件时，最好额外添加维生素和微量元素等复合预混料。

（2）配种期种公驴饲喂技术（当年3—8月）　每天饲喂4次，时间间隔均等为宜。粗饲料占驴体重的1.8%～2.0%，精补料每天喂量占体重的0.5%～0.7%，混合后平均饲喂。

以体重300千克计算，每头驴每天喂粗饲料5.5千克左右、精补料1.5～2.1千克。粗饲料中，铡短或揉碎的干玉米秸秆或麦草3千克，苜蓿干草2.5千克；精补料配方为玉米50%（0.750～1.050千克）＋麸皮20%（0.300～0.410千克）＋豆粕23.5%（0.353～0.494千克）＋食盐2.5%（0.038～0.045千克）。特别强调，具备条件时最好额外添加维生素和微量元素等复合预混料（图2-25）。

视频4

2.空怀母驴饲喂技术 每天饲喂3次，时间间隔均等为宜。粗饲料约占驴体重的2.0%，精补料每天喂量为1千克左右。

以体重200千克计算，每头驴每天喂粗饲料4千克左右、精补料1千克左右。粗饲料以玉米秸秆为主；精补料配方为玉米50%（500克）＋麸皮50%（500克）＋食盐2%（40克）。特别强调，具备条件时，最好额外添加维生素和微量元素等复合预混料（图2-26）。

图2-25 庭院化养殖种公驴　　图2-26 庭院化养殖空怀母驴

3.妊娠母驴饲喂技术 妊娠前6个月，每天喂3次，时间间隔均等为宜。粗饲料以玉米秸秆为主，参考每天喂量为驴体重的2%左右。精补料由玉米、麸皮、豆粕和食盐组成，每天饲喂量为玉米0.3千克、麸皮0.3千克、豆粕0.4千克、食盐0.04千克。特别强调，具备条件时，最好额外添加维生素和微量元素等复合预混料。

妊娠后6个月，每天喂3次，时间间隔均等为宜。粗饲料以玉米秸秆为主，参考每天喂量为驴体重的2%左右。精补料每头驴每次饲喂量为玉米0.5～1.0千克、麸皮0.3～0.5千克、豆粕0.45～0.6千克、食盐0.04千克。粗饲料和精补料每天平均分成3次饲

图2-27 庭院化养殖的妊娠母驴

喂。特别强调，具备条件时，最好额外添加维生素和微量元素等复合预混料（图2-27）。

4.泌乳母驴饲喂技术 泌乳前3个月，每天喂3次，时间间隔均等为宜。粗饲料以玉米秸秆为主，参考每天喂量为驴体重的1.5%左右。精补料由玉米、麸皮、豆粕和食盐组成，泌乳期前3个月每头驴每天饲喂量为玉米1.8～2.0千克、麸皮0.2千克、豆粕0.75千克、食盐0.04千克。

泌乳后3个月，每天喂3次，时间间隔均等为宜。粗饲料以玉米秸秆为主，参考每天喂量为驴体重的1.5%左右。精补料由玉米、麸皮、豆粕和食盐组成，泌乳期后3个月每头驴每天饲喂量为玉米0.8～1.5千克、麸皮0.2千克、豆粕0.6～0.7千克、食盐0.04千克。

5.驴驹的喂养 养殖户要注意母驴是半夜或凌晨产驹，养殖户应随时起来观察母驴生产情况，确保驴驹安全降生。

视频5

母驴产驹后1.5小时，如果吃不上初乳，母驴不接触驴驹，则需要人工喂养驴驹吃奶。吃初乳3天，一定要吃够；3～6天的时候，要剪断脐带。剪脐带要准备剪刀、碘伏消毒液，驴驹出生15天以后，要学会吃少量苜蓿，跟母驴学会吃草。

6.生长驴饲喂技术 每天饲喂4次，时间间隔均等为宜。粗饲料以玉米秸秆或小麦秸秆为主，每天饲喂量占驴体重的1%～1.5%，具体饲喂量视驴的月龄和体重而定。

对于后备母驴而言，通常随月龄和体重的增长，粗饲料占日粮的比例增加，精补料比例减少，应视具体的饲养目标调整饲喂方案。如果是追求最大生长速度，则粗饲料每天饲喂量应控制在驴体重的1%为宜，而精补料则应占体重的1.5%～2%。特别强调，具备条件时，最好额外添加维生素和微量元素等复合预混料。

第三章 《
疆岳驴繁殖技术

一、驴的生殖生理特点

（一）公驴的生殖生理特点

1. 睾丸发育　正常成年公驴的睾丸呈圆形或椭圆形，重120～150克，长11～15厘米，宽5～7厘米，可常年产生精子，但在自然发情季节（5—7月）睾丸体积最大，产生精子数量最多、活力最好。通常情况下，睾丸体积大的公驴比睾丸体积小的公驴生精能力强。阴囊的温度较体温低2～3℃，用于维持正常的精子发生。

2. 配种年龄　公驴的性成熟一般为1.5～2岁，此阶段生殖器官基本发育完全，并有性欲表现，具有繁殖能力。但性成熟后，因其身体尚未发育成熟，应到一定年龄和体重后才能配种使用，一般到3～4岁后进入配种适龄期。

3. 配种能力　在生产实践中，通常以配种期内交配母驴数量或采精总次数、精液品质以及受胎率来衡量种公驴的繁殖力。种公驴繁殖力以4～10岁时最强，此时也是发挥其种用价值的重要时期。

4. 射精量和精子密度　在正常饲养管理情况下，因品种、年龄及个体差异，种公驴每次射精量和精子密度会有较大变化，但是射精量一般在40～120毫升、总精子数基本恒定在100亿～190亿个。公驴睾丸体积大则生精能力强，每次射精量、精子密度、总精子数也就越大。射精量越大的公驴，表明其性腺的机能越强。

5. 精子活力 指精液中呈前进运动精子所占的百分率。只有进行前进运动的精子才可能具有正常的生存能力和受精能力，因此精子活力与母驴受胎率密切相关，是目前评定精液品质的最主要指标之一。一般公驴的鲜精精子活力为0.7～0.9。为了保证较高的受胎率，人工授精的鲜精精子活力一般为0.6～0.8，冻精解冻后活力在0.3以上。

6. 精子在母驴生殖道内的存活时间 精子在健康母驴的生殖道内保持完全活力和受精能力的时间为24～48小时，平均为36小时。

7. 精子到达受精部位的时间 种公驴交配或人工授精以后，精子到达输卵管壶腹部所需时间为30～40分钟。

（二）母驴的生殖生理特点

1. 卵巢 母驴卵巢多呈圆形或椭圆形，每个卵巢重20～40克（图3-1、图3-2）。母驴卵巢活动产生雌激素和孕酮。雌激素的主要作用是促使子宫内膜增生、腺体发育，刺激母驴生殖道引起充血、增生和分泌增多，刺激神经中枢引起性欲和性兴奋。孕酮的主要作用是促使子宫内膜持续增生，子宫壁增厚，子宫腺体迅

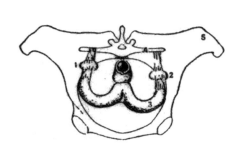

图3-1 驴卵巢的自然位置（由前面看）
1. 右卵巢 2. 左卵巢 3. 子宫角
4. 第四腰椎横突 5. 左腰角

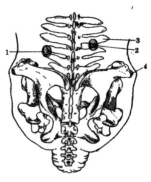

图3-2 驴卵巢的自然位置
（由上面看）
1. 左卵巢 2. 右卵巢
3. 第三腰椎 4. 腰角

速生长而变成复杂结构，为受精卵着床做准备。在母驴妊娠期内，孕酮维持胎盘的完整性，增强胎盘的机能。如果妊娠期孕酮分泌不足，则胎盘会被吸收或造成流产。同时，孕酮可使子宫运动减弱，并使其对雌激素和催产素的反应降低或消失。

2. 配种年龄　母驴初情期一般在12月龄左右。达到初情期时，母驴虽已具有繁殖能力，但其生殖器官尚未发育充分，功能也不完全，还不能配种。若过早配种，不仅所产幼驹体弱多病，生活力差，而且影响母驴本身的发育，降低其生产能力。一般母驴在2.5～3岁时为配种适龄期。

3. 发情季节　驴是季节性多次发情的动物，一般在每年的3—6月进入发情旺期，7—8月酷热时发情减弱。发情期延长至深秋季节才进入乏情期。母驴发情较集中的季节称为发情季节，也是发情配种最集中的时期（表3-1）。在气候适宜和饲养管理好的条件下，母驴也可常年发情。但秋季产驹，驴驹初生重小、成活率低，断奶重和生长发育均差。

表3-1　母驴不同月份发情数量统计（头）

品种	总头数	1月发情数	2月发情数	3月发情数	4月发情数	5月发情数	6月发情数	7月发情数	8月发情数	9月发情数
疆岳驴	527	3	6	30	103	114	84	100	56	31
吐鲁番驴	568	—	—	69	101	79	110	115	75	19
和田青驴（果拉驴）	245	3	6	19	51	61	55	33	17	—
合计	1 340	6	12	118	255	254	249	248	148	50
占比（%）		0.45	0.90	8.87	16.16	19.08	18.70	18.63	11.12	3.76

4. 发情周期　发情周期包括发情前期、发情期、发情后期（排卵期）和休情期（静止期）。母驴的发情周期平均为21天，其变化范围为10～33天（表3-2）。母驴发情周期受营养、气候、品种、年龄等条件的影响，存在较大差异。关中驴71%发情周期在18～21天。疆岳驴发情周期平均为21天。

表3-2　母驴不同月份发情周期统计

项目	3月	4月	5月	6月	7月	8月	9月
统计头数	69	101	79	101	115	75	19
平均天数	22.1	22.6	22.1	20.9	20.5	19.5	—
发情周期（天）	13～29	10～30	15～33	14～30	10～26	18～26	—

5.发情持续期　指发情开始到排卵为止所间隔的天数。驴的发情持续期为3～14天，一般为3～11天。根据182头疆岳驴发情持续期的统计，平均为6.2天。80%的母驴多集中在2～7天。发情持续期的长短，随母驴的年龄、营养状况、季节、气温和使役轻重不同而变化。一般年龄小、膘情过肥、干活过重的母驴发情持续期较长，反之则短。在气温较低的南疆，母驴每年2—3月就开始发情，即所谓的"冷驴热驴"。但早春发情持续期较长，卵泡发育缓慢，常出现多卵泡发育和两侧卵巢卵泡交替发育的现象，发情持续期可达20天或更长。一般发情持续期从4月转为正常（表3-3）。

表3-3　母驴不同月份发情持续期统计

项目	3月	4月	5月	6月	7月	8月	9月
统计头数	69	101	79	101	115	75	19
平均天数	5.8	5.9	5.4	5.7	5.6	5.9	6.2
发情持续期（天）	3～14	4～10	4～12	4～12	4～11	4～11	5～11

6.母驴产后第一次发情时间　母驴产后第一次发情的间隔时间长短与分娩后子宫恢复快慢和卵巢机能活动强弱以及生活条件有密切关系。母驴产后发情排卵时间在产后为11～14天，范围是7～17天，其受胎率可达78.3%。繁殖母驴在产后第一次发情排卵时配种或输精，都易受胎，俗称"配血驹"。南疆农牧民习惯在母驴产后10～14天配种。

7.母驴排卵时间　母驴排卵时间多在发情终止前24～36小时（图3-3）。

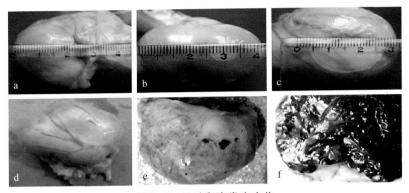

图3-3 母驴卵泡发育变化

a.肾形卵巢及大小　b.小卵泡　c.大卵泡
d.发育中的多个卵泡　e.血体　f.血体横切面

8. 卵子在输卵管内保持受精能力的时间 一般为4～20小时。

9. 妊娠期 母驴发情接受配种后，精子和卵子结合受精，称为妊娠。从妊娠起到分娩止，胎儿在子宫内发育的这段时期称为妊娠期。驴是单胎妊娠，个别情况也有双胎。驴的妊娠期一般为365天。但因母驴年龄、胎儿性别和膘情不同，妊娠期长短不一，但差异不超过1个月，一般相差10天左右。

（三）外部条件对母驴繁殖的影响

在配种季节，母驴的营养状况、年龄大小、气候条件等因素，对其繁殖，尤其是卵泡发育的快慢和排卵率的高低都有很大影响。

1. 营养状况的影响 在配种季节，母驴的膘情好，则发情正常而明显，性周期正常，卵泡发育快，排卵率高，情期受胎率也高。反之，则相反。

2. 年龄大小的影响 驴第一胎配种受胎率较高，而在第二胎时，情期受胎率或总受胎率均较低。可能是因为母驴本身尚处于发育期内，要为幼驹哺乳，致使母驴初产后膘情较差，春季常有发情而不排卵的情况，若膘情恢复不好，就可能造成空怀。三胎、四胎时又恢复正常。

3. 气候条件的影响　气温变化对母驴卵泡发育的影响极大。早春季节，室外气温在5℃左右时，母驴卵泡发育迟缓，发情持续时间延长至7～12天或者更长。春末夏初，室外气温在15～20℃时，母驴卵泡发育成熟快，发情持续时间为5～7天，甚至在发情开始后第3～4天，就出现正常排卵。炎热季节，室外气温在30～35℃时，母驴休情期延长，发情持续时间显著缩短，为1～3天，甚至有上午发情下午即排卵的情况。

在同一季节，天气骤变等原因也能影响母驴卵泡发育速度。如在夏初温暖季节，天气突然变冷，卵泡发育期就会延长，甚至出现卵泡发育停止现象；炎热季节里突然下雨，气候凉爽，卵泡发育迅速加快，排卵期提前。进行驴人工授精时，应灵活掌握上述影响卵泡发育、成熟、排卵的因素，以提高受胎率。

二、疆岳驴繁殖实用技术

（一）种公驴的精液生产技术

1. 采精

（1）采精场地　采精分室内采精和室外采精。室内采精的采精室（棚）尺寸≥15米（长）×12米（宽）×4米（高），门（公驴入口）尺寸≥2米（宽）×3米（高）。室内建设诱情母驴分隔栏，分隔栏高度1.5～1.7米，分隔面积2.5米×2.5米。室内安装假台畜，地面做防滑防尘处理（铺防滑垫）。室外采精选用环境卫生、地势平坦、避风、避阳光直射、安静、宽敞的地方作为采精场地，并准备保定架、假台畜等设施。地面做防滑处理（铺防滑垫或用防滑耐磨的材料覆盖地面）。

（2）采精室　采精室面积至少满足100米^{2}以上，地面铺有防滑橡胶垫，在采精室与精液处理室之间设立精液传递窗，采精室内应有保定栏、假台畜、紫外线灭菌灯等（图3-4）。

（3）精液处理实验室　精液处理实验室总体要求分为准备室和细管精液制作室2个隔离的区域。准备室的面积在15米^{2}左右，

图3-4　驴采精室

有实验台面、上下水道等基本设施。准备室是采精前假阴道安装准备、器具清洗消毒等的场所。细管精液制作室的面积在15米^{2}以上，有实验台面、紫外灯和相关专用仪器等，室温保持在25℃左右。每个区域应设独立门窗，准备室和采精室或室外采精区相通(连)；准备室与细管精液制作室间留有30厘米×30厘米传递窗口。

(4) 采精器具的清洗与消毒　采精用的器材均应在使用前严格消毒，在使用后洗涮干净。清洗用的洗涤剂一般为2%～3%的碳酸氢钠或1%～1.5%的碳酸钠溶液。采精器具用洗涤剂洗涮后，应用清水多次冲洗干净，然后经严格消毒方可使用。玻璃器材的消毒一般采用电热鼓风干燥箱进行高温干燥消毒，温度为130～150℃，并保持20～30分钟。若采用高压蒸汽消毒，应维持20分钟。橡胶制品的消毒一般采用75%酒精棉球擦拭消毒，然后用生理盐水冲洗干净。金属器械可用新洁尔灭等消毒溶剂浸泡，然后用生理盐水冲洗干净，也可用75%的酒精棉球擦拭，或用酒精灯火焰消毒。

(5) 假阴道安装　将内胎两头翻转套在假阴道外壳的两端，并用橡胶圈加以固定。于采精前0.5小时，用75%酒精棉球由内向外均匀、充分地涂搽内胎壁和集精杯内外壁，并将内胎与假阴道套在一起，待酒精挥发后，用灭菌液体冲洗两遍，至无酒精气味为止。假阴道的大口端向下放置，用消毒纱布遮盖，避免灰尘落入。根据外界气温的高低及种公驴爬跨的快慢，预先向假阴道夹层中灌入41～43℃的热水，灌注量以假阴道夹层体积的2/3～3/4为宜。假阴道内腔的压力主要靠充气来调节，可视公驴阴茎的大小调整。假阴道的压力在灌水吹气后，内胎呈Y形、入口呈较浅的漏斗状为宜。在采精之前，以消毒玻璃棒将消毒过的润滑剂均匀地涂抹于假阴道入口至内胎1/3深处。在采精时保证假阴道内温度为38～41℃。

（6）采精前准备　将种公驴牵入保定栏，刷拭体表，用温水清洗阴茎、包皮。采精员佩戴一次性工作手套，着工作服、防护鞋和安全头盔。采精所需的器具，除一次性用品外均须清洁消毒。安装好假阴道后，灌入40～43℃的热水，视采精公驴阴茎直径调整内胎压力，置于40℃恒温箱中备用。采精前根据公驴体高调整假台畜高度，用一次性塑料膜包裹假台畜后驱；或选择健壮、性情温顺、营养较好、体格大小与公驴相近的发情母驴，保定四肢，清洗后驱和外阴部。采精前将集精杯、离心管、滤纸（布）、烧杯放置于37℃恒温箱内预热（图3-5）。

图3-5　驴假阴道

（7）采精操作　从恒温箱中取出假阴道，在假阴道口端涂抹适量润滑剂。种公驴牵至采精室（场），用发情母驴诱情，当公驴勃起并爬跨时，采精员手持假阴道把柄处，站立于母驴右（左）后侧，将假阴道平放于发情母驴尻侧，并迅速将阴茎导入假阴道。

种公驴射精后顺势将阴茎从假阴道中退出，使假阴道集精杯端缓慢下倾，将采集的精液送入集精杯（图3-6）。

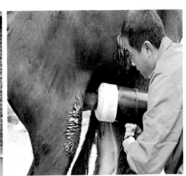

图3-6　驴采精操作

（8）注意事项　采精时要使公驴充分产生性欲后再使其爬跨，要耐心沉着，按程序操作，不能粗暴，应动作敏捷，并注意安全；根据公驴的个体及特征掌握假阴道的水量、压力和角度。向假阴道内套入阴茎时，掌握好角度，在接触到阴茎根部时，固定假阴道不动；精液在集精杯的时间不超过2分钟，采精后立即将精液送入化验室；防止润滑剂、水等杂物混入精液内。

（9）准备室　为采精工作人员提前准备采精的房间，室内备有恒温箱、假阴道、内胎、集精杯等采精所需的全部物品。

（10）精液处理室　精液处理室应通风良好、相对封闭，应具备精液品质检测分析、稀释处理和冷冻保存等功能，室内具有实验工作台和水槽，仪器包括精子密度仪、精子分析仪、程序化冷冻仪、精液分装机、超净工作台、恒温水浴锅、显微镜、液氮贮存罐、低温冰箱、离心机、干燥箱等（图3-7、图3-8）

2. **精液质量检测**　精液质量检测要求在采精后迅速置于37℃条件下进行，防止温度骤然下降对精子造成冷打击；检查操作要迅速，不能人为损坏精子；评定结果要准确，取样要均匀；除在采精后对原精进行检测外，精液稀释后、输精前后也可进行检测，

图3-7　准备室（左）和精液处理室（右）

然后对精液进行综合评定。

　　（1）射精量　驴的射精量因品种及个体不同而有很大差异，一般为40～120毫升。射精量可以从集精杯的刻度直接读取。每头公驴的射精量有一定的范围，如出现忽高忽低的现象，应及时查明原因。

图3-8　驴稀释精液

　　（2）精液色泽　驴的精液在正常情况下为淡乳白色或灰白色，精子密度越高色泽越深，反之则越浅。精液颜色异常表明公驴生殖系统可能有疾病，如精液呈淡绿色表明混有脓液，呈淡红色表明混有血液，呈黄色则可能是混有尿液，呈青色和灰色表示精液的密度低，呈红褐色则说明生殖道中有部位深而时间久的发炎或损伤。精液囊发炎时，精液中有絮状物。色泽不正常的精液不能用于输精，公驴应停止采精，及时查明病因并给予治疗。

　　（3）精液气味　驴的新鲜精液略有腥味。气味异常者常伴有色泽的改变，应禁止输精。

　　（4）精子活率　精子活率与受精能力密切相关，对配种受胎率的影响很大。常用目测法进行评定。检查时，取一滴精液滴在载玻片上，盖上盖玻片，置于37℃显微镜恒温台或保温箱内，在100 ～ 400倍下观察精子运动状态并评定活率等级。通常根据直线前进运动的精子在所有精子中所占的百分率按十级计分评定，即100%的精子都做直线前进运动，评为1.0分；如90%的精子做直线前进运动，评为0.9分；依此类推。使用新鲜精液输精的精子活率要求不低于0.5。

（5）精子密度 密度检查是评定精液品质的重要指标之一，多采用精子数计算的方法来评定密度。测定时，取一滴精液，加于血细胞计数板上，使精液自行渗入计数室，均匀充满，置于40倍物镜下进行计数，根据公式：每厘米精子数=5个中方格中的精子数 ×5（即计数室25个中方格的精子数）×10⁴个（每厘米精子数）×50（精液的稀释倍数），算出精子密度。

（6）精子畸形率 驴的正常精子类似蝌蚪形，但有畸形精子无受精能力。精子畸形率的测定方法是将一滴精液样本滴于洁净的载玻片一端，用另一载玻片与精液接触，并以30°角平稳地向前推，使精液均匀地涂抹在载玻片上，待自然干燥后，用95%的酒精固定3分钟，后置入蓝墨水（或用伊红、龙胆紫、美兰等）中染色5分钟，再用蒸馏水冲洗干净，自然风干后在100 ～ 400倍显微镜下检查200 ～ 500个精子，计算出其中畸形精子的百分率，即：畸形精子百分率 = 畸形精子数/计数精子总数×100%。驴精液的精子畸形率超过12%时，不能用于输精（图3-9）。

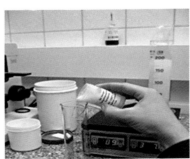

图3-9 驴精液质量检测

3. 细管鲜精的制作

（1）精液稀释　配制稀释液须用新鲜灭菌的双重蒸馏水、新鲜鸡卵黄和分析纯以上的化学试剂。稀释液要现配现用，或配后放入 4 ~ 5℃冰箱中保存。器具经高压高温灭菌处理，保证清洁、无菌。

精液采集后，挑除其中的副性腺胶状物，读取精液体积，取样做精液品质检测。检查后的精液用纱布过滤后，按 1 : 1 比例，添加经37℃预热的稀释液，混匀后沿管壁缓缓倒入50毫升容量的离心管，用5毫升移液枪吸取1毫升稀释液，缓缓注入离心管底部。将稀释后的精液置于离心机中，以 1 000g，离心18分钟。离心后离心管中上层为离心后的上清液，中间层为浓缩精液沉淀，底层为离心垫。去除上清液，移除管底离心垫，留下的为浓缩精液（保留体积为原体积的1/10）。取样检查浓缩后精液活力、密度，计算需要添加的稀释液量，最终稀释后精液浓度为含有效精子数（1 ~ 2）×10^9个/毫升。

（2）低温保存及运输　需要保存的精液分装于10 ~ 15毫升灭菌试管中密闭。记号笔注明公驴品种、驴号、采精时间，毛巾缠绕包裹，置于 4 ~ 5℃冰箱保存。需要运输时，提前准备好低温运输箱，箱内分隔成两个区域，一个区域放冷冻冰袋，另一个区域放置包裹好的精液，用气袋填充多余空间，盖紧箱盖，中途不要打开。低温运输精液不能超过72小时。

（3）装细管　将浓缩精液混匀，用连接200微克枪头的5毫升注射器与0.5毫升细管相连，吸取1厘米长稀释液、0.5厘米空气，再缓缓吸取精液；当最上端稀释液刚接触细管棉塞时，将细管从浓缩精液中取出，继续抽动注射器，直至棉塞端密封为止；用灭菌纱布擦净细管口，备用。精液装入细管后5小时内必须使用完毕。

除上述手动装管外，还可用专用自动精液灌装机装管。

（4）精子活力检查　精液置于37℃预热，用20微升量程移液枪，取11微升精液滴于载玻片上，加盖玻片，放置在37℃恒温载物台上30秒后，用100～400倍显微镜观测直线前进精子数占总精子数比例，每个样品观察3个以上的视野。

（5）精子密度检查 取20微升精液，注入盛有0.98毫升3%的氯化钠溶液的试管中，混匀后，取5微升滴加于血细胞计数板上，使精液自行渗入计数室，均匀充满，置于40倍物镜下进行计数，根据公式：每厘米精子数＝5个中方格中的精子数×5（即计数室25个中方格的精子数）×10^{4}个（每厘米精子数）×50（精液的稀释倍数），算出精子密度。

（6）细管精液使用方法 每头发情母驴，每次输精剂量应确保有效精子数≥5×10^{7}个。输精前后，必须再进行一次精子活力评定，确保输入的精液合格。每一情期输精2～3次，输精间隔12～24小时。

4. 细管冻精的制作

（1）冷冻保存液的配制 冷冻保存液由鲜精稀释液加入卵黄和甘油组成。浓缩后的精液分3次添加冷冻液。第1次添加1/5，第2、3次各添加2/5，每次添加完成后缓慢摇匀，每次之间间隔1分钟。如调整密度后浓缩精液体积为5毫升，则总添加冷冻液的体积为5毫升，分3次添加，第1次添加1毫升，间隔1分钟后第2次添加2毫升，再间隔1分钟后，第3次添加2毫升。冷冻保存液要现配现用，或可配制后放入4～5℃冰箱中备用，但不应超过1周。

（2）装细管 用连接200微升枪头的5毫升注射器与0.5毫升细管棉塞端相连，另一端插入精液稀释液中，吸取1厘米长稀释液，离开稀释液吸入0.5厘米空气，再将细管插入加入冷冻保存液的浓缩精液液面下缓缓吸取精液，当最上端稀释液刚接触细管棉塞时，将细管从浓缩精液中取出，继续抽动注射器，直至棉塞端密封为止，最后用灭菌纱布擦干细管口残留精液。也可用自动精液灌装机进行精液灌装。

（3）细管封口 将封口粉倒入直径5厘米的灭菌培养皿盖中，用培养皿底压实，最终封口粉厚度达到0.5厘米以上。将装好精液的细管垂直上下反复插入封口粉中，使封口粉进入细管，进入细管的封口粉长度为0.5厘米，再将装入封口粉的细管封口粉端置于无菌水中，使其吸水封闭。也可用自动超声波专用封口机进行细管封口。

（4）细管标识　细管从左至右依次注明单位名称、公驴品种、编号、精液生产日期。

（5）精液平衡　将封口的细管精液摆放于冷冻支架上，在4 ~ 5℃平衡2 ~ 4小时。

（6）精液冷冻　用液氮熏蒸法，冷冻箱要求用高密度聚乙烯材料制成的泡沫箱，箱体厚度不低于5厘米，箱体长60厘米、高50厘米，并有箱盖。精液冷冻时液氮面与细管的距离为2厘米，预先在冷冻箱内画好液氮面高度线。冷冻步骤：冷冻前10 ~ 15分钟向冷冻箱中倒入液氮使箱体充分冷却，根据标注高度线调整好液氮面，将摆放细管精液的冷冻架迅速从平衡柜中取出放置在冷冻箱内，盖好箱盖，液氮熏蒸15分钟，熏蒸完后用长镊子将细管冻精从冷冻架上移入液氮中。程序降温冷冻法：设定冷冻程序，−110 ~ 4℃，降温速率为每分钟40 ~ 60℃；−140 ~ −110℃，降温速率为每分钟20℃。冷冻前选择好冷冻程序，启动自动程序冷冻仪，将摆放细管精液的冷冻架迅速从平衡柜中取出放置在冷冻槽内，关上盖板；当自动程序冷冻仪完成所有冷冻步骤后，打开盖板，将冷冻架上的细管精液移入准备好的液氮中。

（7）冻精的贮存和运输　容器内液氮必须浸没冻精，应经常检查液氮罐的液氮面高度，不足1/3时必须添加液氮。取放冻精时，提筒或纱布袋只能提到容器的颈口下，停留时间（上限）10秒；如向另一容器转移冻精时，盛冻精的提筒或纱布袋离开液氮面的时间（上限）1秒。单支冷冻细管保存期间不能离开液氮。提桶归位后，立即盖好容器塞。

贮存冻精的生物容器均不可横放、叠放或倒置。装车运输时，车厢板上加防震胶垫、毡垫或泡沫塑料垫。容器加外套，并根据运输条件，外层用厚纸箱或木箱等材料保护，固定牢靠，容器不能倾倒和振荡。运输途中应及时检查和补充冷源。

（8）冻精使用方法　用（37±2）℃水浴30秒解冻细管，解冻后细管室温保存（上限）1小时内必须使用。每头发情母驴，每次输精用6～8支细管。输精之前，再进行一次精子活力评定。

（二）母驴的发情鉴定技术

由于驴的卵巢髓质发达，成熟卵泡排出过程较长，因此发情持续期较长。进入春季后，随着母驴分娩及发情周期的恢复，母驴开始出现发情。

驴的发情鉴定较牛、羊、猪等难以掌握。采用冷冻精液输精要求掌握发情鉴定技术、准确地判断卵泡发育阶段，以确定配种适宜时间，才能提高受胎率。发情鉴定的方法有外部观察法、试情法、阴道检查法及直肠检查法。通常是在外部观察的基础上重点进行直肠检查。

1.外部观察法　主要根据母驴的外部表现来判断发情情况。当用公驴试情时，发情母驴会表现主动接近公驴，两后腿叉开，阴门频频开闭，头颈前伸，两耳后抿，低头连续吧嗒嘴，张嘴不合并流涎，塌腰叉腿，抬尾并频频排尿，阴唇肿胀、松弛、皮肤皱襞变浅，黏膜充血、湿润。发情母驴可见从阴门中不断流出黏稠液体，俗称"吊线"，其中，在发情初期，黏液呈浆性透明；在发情中期，黏液量多，牵丝性强；在发情后期，黏液量少，黏稠半透明，牵丝性小。

但用外部观察法判断母驴发情时，有的初配和带驹母驴（恋驹）表现不明显；卵巢接近排卵时，母驴外观发情表现反而降低，所以用外部观察法进行发情鉴定，只能作为一种辅助方法。

2.试情法　此法不如直肠检查准确，但易于掌握。当母驴发情时，其会主动接近公驴，并有举尾、后肢开张、频频排尿等表现。母驴在发情前期，阴唇皱襞变松，阴门充血下垂，经产母驴尤为显著；发情期间阴唇肿胀，阴门怒张程度增大，用公驴试情时，阴唇表现节奏性收缩，阴蒂外露；在发情高潮时，往往很难将公驴与母驴拉开。若母驴未发情，其对公驴常有防御性反应。

试情法一般有两种：①分群试情，即把结扎输精管或施过阴茎转向术的公驴放在驴群中，以便发现发情的母驴；②牵引试情，一般在固定的试情场进行，即将公驴牵到母驴群处，通过观察母驴对公驴的态度和母驴外部变化来判断发情表现（图3-10）。

图3-10　母驴的发情鉴定

　　3.**阴道检查法**　可从母驴阴道、子宫的变化和阴道黏液的变化来判断其发情与否。一般用内镜对子宫内膜进行检查（图3-11）。

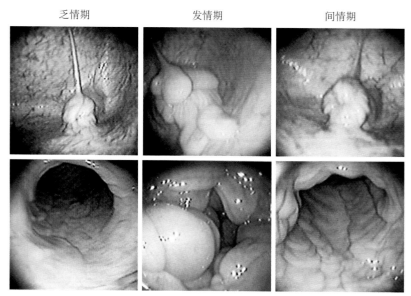

图3-11　母驴阴道黏液的变化

　　4.**直肠检查法**　母驴的发情期长，如只靠外部观察及阴道检查判断其排卵期，比较困难。因此，一般以直肠检查卵泡发育情况为主，其他方法为辅。其具体操作方法如下。

（1）母驴保定　被检母驴多用保定栏保定，如无保定栏可用脚绊或保定绳保定。将驴尾拉向一侧。

（2）直肠检查操作　操作者应剪短、磨光指甲，清洗手臂，戴一次性长臂手套，在手套外淋适量温水，站在母驴后方，将右手握成锥形，轻触肛门，缓慢插入肛门。手伸入肛门后，如有宿粪，可用手清出。清粪时手掌放平，少量而多次地取出，切忌大块硬拉，以免损伤肠壁。清粪后，手臂应再涂润滑剂，插入肛门，徐徐伸向前方。如肠壁弛缓，可尽量向前伸，通过直肠壶腹部，四指并拢进入直肠狭窄部之前的小结肠，即可探摸卵巢。如直肠壁紧张时，可将手臂稍向后拉，待其弛缓后继续探摸，如直肠内充有气体并形成一空腔时，可用手指轻微触动直肠壁或将手拉回肛门处，前后抽动摩擦肛门即可排气。

当触摸卵巢时，手指与肠壁应保持平行状态，用手指肚轻微触摸卵巢，以防弄伤肠壁。探摸卵巢时，将手展平，掌心向肷窝，再向上下前后探索，在一般情况下即可探摸到卵巢。当握住卵巢后，即估量其体积，并用手指触感其形状及卵泡发育程度。如检查子宫，此时用拇指和食指固定卵巢，然后用手沿着韧带向后下方移动，即可摸到子宫角，再将手沿子宫角后移，可摸到子宫角基部。一侧检查完毕后，用同样方法检查另一侧的卵巢和子宫（图3-12）。

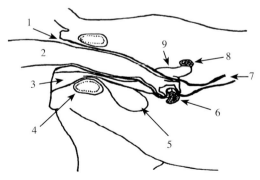

图3-12　母驴的直肠检查

1.肛门　2.手臂　3.阴道　4.骨盆　5.膀胱　6.右卵巢　7.结肠　8.左卵巢　9.子宫

（3）卵泡发育检查　通过触摸卵巢，可以判断卵泡发育情况。一般卵泡的发育可分为7个时期。

①卵泡发育初期　两侧卵巢中有一侧卵巢出现卵泡，初期体积小，触之形如硬球，突出于卵巢表面，弹性强，无波动，排卵窝深。此期一般持续1～3天。

②卵泡发育期　卵泡发育增大，呈球形。卵泡液继续增多。卵泡柔软而有弹性，以手触摸有微波动感。排卵窝由深变浅。此期一般持续1～3天。

③卵泡生长期　卵泡继续增大，触摸柔软，弹性增强，波动明显。卵泡壁较前期变薄，排卵窝较平。此期一般持续1～2天。

④卵泡成熟期　卵泡体积发育到最大程度。卵泡壁甚薄而紧张，有明显的波动感，排卵窝浅。此期一般持续1～1.5天。应进行交配或输精。

⑤排卵期　卵泡壁紧张，弹性减弱，泡壁菲薄，有一触即破的感觉。触摸时，部分母驴有不安和回头看腹的表现。此期一般持续2～8小时。有时在触摸的瞬间里卵泡破裂，卵子排出。直肠检查时可明显摸到排卵窝及卵泡膜。此期宜配种或输精。

⑥黄体形成期　卵巢体积显著缩小，在卵泡破裂的地方形成黄体。黄体初期扁平、呈球形、稍硬。因其周围有渗出血液的凝块，故触摸有面团感。

⑦休情期　卵巢上无卵泡发育，卵巢表面光滑，排卵窝深而明显。

（4）注意事项　①触摸时，应用手指肚触摸，严禁用手指抠、揪，以防止抠破直肠，造成母驴死亡。②触摸卵巢时，应注意卵巢的形状，卵泡的大小、弹力、波动和位置。③卵巢发炎时，应注意区分卵巢在休情期、发情期及发炎时的不同特点。④触摸子宫角的形状、粗细、长短和弹性。⑤如子宫角发炎时，要区分子宫角休情期、发情期及发炎的不同特点。⑥直肠检查技术应结合外部发情症状共同提高情期受胎率。⑦卵泡和黄体的主要区别是黄体几乎都呈扁圆形或不规则的三角形，而绝大多数卵泡为圆形，少数为扁圆形且有弹性或液体波动；黄体有肉团感，在一定时期内黄体与卵巢实质部连接处四周感觉不到明显界限；黄体表面较为粗糙，卵泡表面光滑；黄体在形成过程中越变越硬，卵泡从发育成熟到排卵有越变越软的趋势。⑧卵泡发育阶段除了考虑卵泡的大小外，还应该根据卵泡的波动情况、卵泡液充满的程度、卵泡壁的厚薄及弹性以及卵泡在发育过程中与排卵窝的距离等进行综合分析，即使用B超对母驴进行发情判断、排卵判断和妊娠诊断。

　　B超操作方法：将母驴保定，右手戴长臂手套并涂抹润滑剂，先清除直肠内粪便，五指握紧探头以圆锥形缓慢旋转由肛门进入直肠。缓慢而轻柔地前后左右移动探头，寻找膀胱，在B超显示器上看到膀胱后沿膀胱方向前进至膀胱逐渐消失的位置时，缓慢地左右移动探头寻找子宫壁。找到子宫壁后，缓慢地沿子宫壁方向前进，同时轻微地左右移动探头，以便观察整个子宫壁的状况。当深入至直肠狭窄部肠管处（即子宫角分叉处）时，将探头贴紧肠管缓慢地向左上方向旋转，此时可观察到呈圆形的子宫角横切面。沿子宫角方向继续向左向上，即可观察到左侧卵巢，继续向上方旋转直至卵巢消失不见，然后原路返回。操作时动作要缓慢而轻柔，以便观察整个子宫及卵巢的状况。完成检查后沿左侧子宫角方向返回至子宫角分叉处，向右上方旋转观察右侧子宫及卵巢的情况，操作方法同左侧子宫角及卵巢的检查。值得注意的是，右侧卵巢位置往往稍高于左侧，且手臂向右上旋转时难度较大，此时一定要耐心而细心地完成整个右侧子宫角及卵巢的检查（图3-13、图3-14）。

　　B超图像的识别：

　　（1）子宫图像　未发情母驴的子宫体和子宫角呈均匀一致的灰白色；发情母驴的子宫体呈黑灰不均匀的、类似波浪样花纹，而子宫角呈现车轮样或橘瓣样花纹。

　　（2）排卵图像　使用B超进行排卵鉴定时的主要判定依据为卵巢上大卵泡消失并有黄体生成。此外通过B超观察卵泡发育程度可以预估母驴排卵时间。当观察到发育成熟的卵泡开始发生卵泡壁增厚、形状逐渐变得不规则时表明母驴即将排卵。随着卵泡壁继续变厚，卵泡进一步变形，排卵时间更加接近。排卵完成后形成黄体（图3-15、图3-16）。

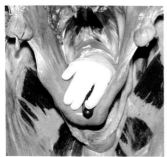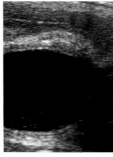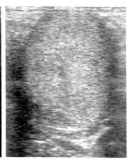

图3-13　使用B超检查母驴子宫体和子宫角

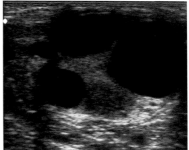

图3-14　使用B超检查母驴右侧子宫角及卵巢

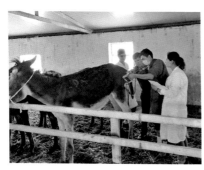

图3-15　使用B超进行母驴排卵鉴定　　图3-16　母驴B超图像的识别

（三）母驴的人工授精技术

人工授精与自然交配相比，种公驴鲜精的利用效率提高了7～10倍。一头种公驴一年生产的冷冻精液可配上千头母驴。人工授精的优点是所用种公驴的生产性能和遗传品质优秀，改良效果好；精液的质量有保证，输精部位深，受胎率高；操作简便安全，适合于不同年龄、体型和品种的母驴，不会对母驴造成损伤；可防止各种疾病的传播，尤其是生殖道传染病；随着冷冻精液技术的成熟和推广，冷冻精液运输方便，可使母驴配种不受地域的限制，有效地解决了种公驴不足地区母驴的配种问题；经济方便，可随时取用，减少了种公驴的饲养头数，节省了饲养管理费用。

1.输精前的准备

（1）母驴的准备　经过发情鉴定，选择卵泡发育至三到四期的母驴，四期为最佳。将母驴在检查保定栏内或者用脚绊保定后，由助手将驴尾拉向左前方，对母驴外阴部清洗消毒后，用干净纱布或毛巾擦干。

（2）器械及人员的准备　所有输精用器材应提前做好准备，进行清洁灭菌。输精人员的手臂彻底洗净后，用1%～2%来苏儿或1%的新洁尔灭溶液洗涤消毒，右臂戴一次性长臂手套。

2.注射器输精法

（1）输精准备　用一次性注射器吸取稀释好的精液20毫升，握在手中保持温度。

（2）输精方法　输精员站在母驴左后侧方，右手并拢呈锥状，将输精管尖端夹持于食指与中指间，手心略向左下方插入阴道并缓慢向前触摸子宫颈口，同时左手扶持输精管向前递送插入子宫颈内10～15厘米处，右手在子宫颈口处固定输精管前部，左手在体外固定装有稀释精液的注射器及输精管连接处，推动注射器将精液注入子宫内。

（3）输精量　输精量通常是15～20毫升，有效精子数不低于3亿个，精子活率不低于0.3。

3. 细管精液输精法

（1）细管鲜精输精前的准备　将提前制作好的鲜精细管用无菌纸或其他消毒过的纸张包裹后，采用低温（5 ~ 10℃）或常温（20 ~ 25℃）运输至待输精母驴处。

（2）细管冻精输精前的准备　准备好37℃恒温热水，从液氮罐中取出冷冻精液细管，迅速放入恒温水浴中解冻30分钟，取出备用。

（3）细管输精方法　输精人员一只手扒开发情母驴外阴，另一只手戴一次性长臂手套，并用清洁的生理盐水湿润后，握住一次性输精外套前端深入阴道，穿过子宫颈到达子宫体后，手从阴道里取出后伸入直肠，用手触摸并引导输精外套进入有大卵泡一侧的子宫角分岔部的子宫体前部，将装有精液的细管插入输精枪外套的外侧端，用输精枪钢芯将其推入外套输精端，稍稍用力将精液输入母驴体内，撤出输精枪检查精液是否倒流。如果一次要输送多只细管精液，输完第1支细管后只退出钢芯，按照前述方法输送第2支细管（图3-17）。

图3-17　母驴的适时输精

（4）细管精液输精量　细管鲜精输精有效精子数保证在5 000万个以上；细管冻精每次输精有效精子应不少于2亿个。

（5）细管精液输精时间　细管鲜精输精距排卵时间控制在12小时之内，如果输精超过12小时尚未排卵，应该进行第二次输精；冻精细管输精严格控制在排卵前、后6小时，超过6小时应进行第二次输精。

4. 注意事项

（1）适时输精　适时输精是提高母驴受胎率的关键。输精时间与排卵时间相隔越近，受胎率越高，反之则越低。因此，输精时间应选择在母驴临近排卵时为最好，一般当母驴卵泡发育至四期时输精较为合适。母驴排卵后不久便输精的，受胎率也较高。

（2）防止污染　吸取精液后应尽快输入母驴体内，避免光线的刺激及温度骤变，并防止污染。每天输精完毕后，应立即将所用的器具按要求进行洗涤、整理、消毒。

（3）防止惊吓　输精时应使母驴保持安静，谨防惊吓。输精后发现精液严重倒流的，应再次输精（图3-18）。

图3-18　母驴的人工输精现场

三、疆岳驴妊娠鉴定技术

1. **直肠检查**　同发情鉴定一样，用手通过直肠检查卵巢、子宫状况来断定是否妊娠。主要判定依据是子宫角位置、形状、软硬度和弹性，以及子宫角间沟的出现、卵巢的位置、卵巢韧带的紧张度、黄体的出现、子宫中动脉的出现和胎动等。妊娠18～25天，空怀时子宫角呈带状；妊娠后子宫角呈柱状或两侧子宫角均为腊肠状。空子宫角发生弯曲，妊娠侧子宫角基部出现柔软如乒乓球大小的胚泡，泡液波动明显，子宫角基部形成"小沟"。

同时在卵巢排卵的侧面，可摸到黄体。妊娠35～45天，左、右子宫角无太大变化。子宫角间沟尚明显。可摸到的胚泡继续增大，如拳头大小。妊侧子宫角短而尖，后期子宫角间沟逐渐消失，子宫颈开始弯向妊侧子宫角。卵巢黄体明显。妊娠55～65天、妊娠70～150天，妊娠子宫角下沉，子宫角间沟消失。胚泡继续增大，如婴儿头大小，胚泡内有液体（图3-19）。

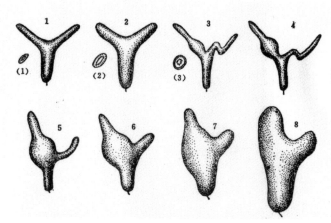

图3-19　驴妊娠前后子宫的变化

1.未孕正常子宫　2.未孕炎症子宫　3.妊娠20天左右　4.妊娠40天左右
5.妊娠60天左右　6.妊娠70天左右　7.妊娠80天左右　8.妊娠150天左右
（1）未孕正常子宫断面　（2）未孕炎症子宫断面　（3）早期妊娠子宫断面

2.B超妊娠诊断

（1）通过B超探头扫描驴子宫的形态等判断是否妊娠。在驴妊娠的第13天通过B超观察子宫，可以看到妊娠驴子宫内羊水的黑色图像呈规则的圆形，随着妊娠天数的增加，圆形图像逐渐变大，并开始变形；还可以看见圆形图像里有灰白色的胎儿出现，并慢慢变大。到妊娠45天左右，胎儿图像已基本成形（图3-20）。

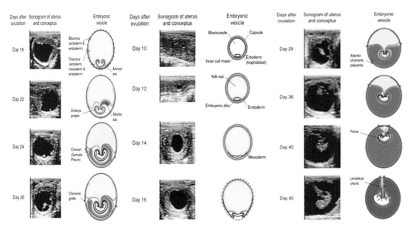

图3-20 母驴妊娠早期B超检查图像（10 ～ 45天）

（2）B超妊娠诊断的方法是将B超放在孕角大弯外侧，然后由外侧向内侧移动，直到探测到胎儿，根据显像，缓慢断续地移动B超探头，显示胎儿的最佳位置。在妊娠18天以后可以检查到胚胎的变化活动和孕囊（图3-21）。

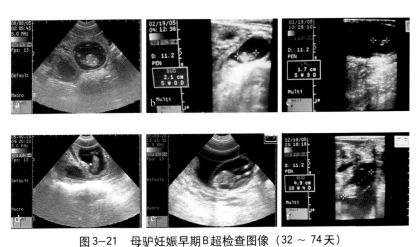

图3-21 母驴妊娠早期B超检查图像（32 ～ 74天）
a. 妊娠32天B超图像　　b. 妊娠35天B超图像　　c. 妊娠38天B超图像
d. 妊娠43天B超图像　　e. 妊娠66天B超图像　　f. 妊娠74天B超图像

四、疆岳驴的生殖激素调控技术

生殖激素是与动物性器官、性细胞的发育和性行为的发生以及发情、排卵、妊娠、分娩、泌乳等生殖活动有直接关系的激素，包括促性腺激素释放激素、促性腺激素、雄激素、雌激素和孕激素等。疆岳驴的生殖激素应用主要是控制发情和排卵。

（一）生殖激素在发情控制中的应用

发情控制是利用激素处理母驴，使其在特定时间内集中统一发情。发情控制的关键在于人为控制卵巢黄体，使其同时进入卵泡期，并使母驴表现出发情。

1. 孕激素阴道栓塞法 将含有一定量孕激素制剂的硅胶栓放置于母驴的阴道深部或子宫颈外口处，经7～14天后取出即可；也可以同时注射前列腺素。

2. 前列腺素处理法 在母驴发情周期的7～14天，直肠检查母驴卵巢是否有黄体存在，即可适时注射前列腺素；也可以先注射促性腺激素释放激素或人绒毛膜促性腺激素，7天后注射前列腺素。

发情控制有利于推广人工授精技术，便于驴群的组织管理和生产，提高母驴的繁殖率。

（二）生殖激素在排卵控制中的应用

排卵控制是通过激素诱导母驴在一个预期的时间内排卵。自然条件下，一个成熟优势卵泡需要经历3～5天才能排卵，而通过定时排卵技术可以使有合适大小优势卵泡的母驴在24～48小时排卵，从而使母驴的排卵时间提前1～3天。激素处理诱导排卵的时间一般通过B超监测卵泡大小决定。

1. 人绒毛膜促性腺激素（hCG）处理法 当B超监测到卵泡直径≥35毫米时，注射人绒毛膜促性腺激素（hCG）2 000～2 500

国际单位。在注射hCG后的24小时进行第一次人工授精，在36～40小时进行第二次人工授精。

2.促性腺激素释放激素（GnRH）处理法　当B超监测到卵泡直径≥30毫米时，注射GnRH类似物1毫升。在注射GnRH后的24小时进行第一次人工授精，在48小时进行第二次人工授精。

定时排卵需要具备以下条件：母驴必须处于发情期，卵泡必须达到一定大小，或者母驴对公驴试情有反应，或子宫颈口开张，子宫内膜水肿。

五、驴的胚胎移植技术

驴的胚胎移植是将一匹良种母驴人工授精后的早期胚胎取出，移植到其他生理状态相同或相似的母驴体内，使之继续发育成新个体的过程。其中，供体母驴提供胚胎，受体母驴接受胚胎并代替供体母驴完成妊娠、分娩及哺育驴驹。驴胚胎移植技术能极大地增加优秀母驴的后代数，挖掘母驴的遗传和繁殖潜力，可用于驴纯繁扩群，增加种驴的数量；大幅度地提高驴的遗传品质和生产性能，缩短驴的改良周期，加速品种改良。

驴的胚胎移植技术操作程序包括：供体母驴的选择、受体母驴的选择、同期发情、人工授精、胚胎的采集、胚胎鉴定和胚胎移植等。

1.供体母驴的选择　供体母驴要符合品种标准，具有较高的生产性能；年龄为4～15岁，体格健壮，无遗传疾病，繁殖机能正常；合理饲养，精心管理，有足够的优质牧草、补饲精饲料、维生素、矿物质等，并供给清洁的饮水。

2.受体母驴的选择　选择年龄在4～12岁、体格健壮、生殖系统正常、发情规律、无流产史的母驴。

3.同期发情　按供、受体1∶3的比例准备充足数量的受体母驴，供、受体母驴同时注射0.2毫克的前列腺烯醇，间隔3天后B超检查卵泡发育状态，按卵泡发育状态建立供、受体对应关系，即卵泡发育水平接近的供体和受体进行配对。配对关系确定后，每间隔1天检查一次卵泡发育，直至供、受体卵泡发育至35毫米大小。受体母驴先注射2 500国际单位人绒毛膜促性腺激素，12小时后供体母驴再注射2 500国际单位人绒毛膜促性腺激素。在注射激素的同时，供体母驴每间隔12小时进行一次人工授精，同时每间隔12小时检查一次排卵情况。供、受体母驴排卵时间相差不超过12小时方可确定为对应移植供、受体。

4.人工授精 在供体母驴发情后达到三期、四期卵泡或使用B超检测卵泡≥35毫米时，注射人绒毛膜促性腺激素2 000国际单位，然后每隔12小时使用注射器输精15 ～ 20毫升或使用0.5厘米细管输精一次，直至排卵结束。

5.胚胎的采集 以排卵日计为0天，在第7天用非手术法采集胚胎。供体母驴进架保定后，保定牢固，向上固定驴尾，清理直肠粪便，清洗消毒外阴、后躯。操作人员一只手戴一次性手套后，将插入钢芯的冲卵管送入母驴子宫颈口。另一只手伸入直肠，然后利用直肠把握法，两手协同使冲卵管通过子宫颈，进入一侧子宫角，钢芯反复引导至子宫分叉后，用20毫升注射器给冲卵管气球充气，固定冲卵管，撤出钢芯，冲卵管的另一端接提前连接好冲胚液瓶和集卵皿的三通管。将冲胚液瓶提高，灌入1L冲胚液至子宫内，伸入直肠的手通过直肠按摩子宫角，使冲胚液在子宫内充满，然后打开冲胚管阀门，同时按摩子宫使冲胚液充分回收到外接集卵皿内，过滤收集胚胎。一侧子宫角冲洗完后，再次小心将钢芯插入冲卵管，用20毫升注射器给冲卵管气球放气，然后将冲卵管导入另一侧子宫角，用同样的方法进行冲洗。两侧子宫角冲洗结束后，向子宫腔内注入抗生素类药物，防止子宫感染。

6.胚胎鉴定

（1）拣胚 冲胚结束后迅速将集卵皿带到实验室，在体视显微镜下将胚胎拣出，放入盛有含10％或20％犊牛血清的胚胎保存液的培养皿中。

（2）鉴定 在人工授精后第7天，用非手术法采集的胚胎一般为桑椹胚或囊胚，其中桑椹胚的卵裂球隐约可见，细胞团的体积几乎占满卵周间隙。而囊胚的囊胚腔增大明显，约占细胞的50%。滋养层细胞分离，细胞充满了卵周间隙。质量好的胚胎形态完整，轮廓清晰，呈球形，分裂球大小均匀，结构紧凑，色调和透明度适中，无附着的细胞和液泡。

7. 胚胎移植

（1）移植前胚胎装管　移植装管一般用0.5毫升塑料细管，三段液体夹二段空气，中段液体放胚胎，胚胎的位置可稍靠近出口端，以便于推出。在野外移植时，为了防止污染胚胎，可在细管前端隔一小气泡，再靠虹吸蘸一点液体。

（2）移植前受体母驴的检查与准备　受体母驴发情时应检查卵泡，卵泡直径在35毫米以上。供体驴输精时，应检查受体母驴排卵情况，且排卵时间相差不超过12小时。移植前检查黄体，黄体直径在20毫米以上，弹性好，质地软而充实。

将受体母驴进行保定，清理直肠粪便，清洗消毒外阴、后躯，用灭菌纸擦干。

（3）移植　操作人员一只手戴一次性手套，将移植器送入母驴子宫颈口；另一只手伸入直肠，然后利用直肠把握法，两手协同使移植器通过子宫颈，进入有黄体一侧子宫角，缓慢推出胚胎，抽出移植器。

驴的其他繁殖技术包括活体取卵及体外胚胎生产技术、性别控制技术和克隆技术等。目前，这些技术应用于母驴的研究很少。但如果将这些繁殖技术与分子标记辅助选择、常规育种技术相结合，用于驴的专门化品种选育，可以缩短世代间隔，加速品种培育进程。

六、驴繁育技术体系

驴繁育技术体系是有效开展驴繁殖育种和杂交优势利用的一种组织体系。繁育技术体系既要有技术性工作，又要有周密的组织工作；既要开展纯种繁育工作，又要开展杂交改良工作。主要内容包括：建立不同规模的核心群、选育群和扩繁群，选育优质种公驴；确定纯种繁育技术方法和措施，制定杂交组合方案；建立不同规模的核心群、选育群和扩繁群之间的协作关系和利益分配方案。

1. **种公驴站建设** 在核心群内，开展种公驴生产性能测定等工作，结合基因选择技术，培育优秀种公驴，强化优质种驴的纯繁和提高供种能力。购置相关设备，修建圈舍，生产优质饲料，进行种公驴调教、采精和细管精液的生产制作。建立以种公驴站为核心，以覆盖一定区域的精液配送体系为支撑，以人工授精为目的的标准化优质种公驴精液生产、配送、授精技术体系，以提高优秀种公驴的利用率和驴驹的质量。

2. **育种核心群建设** 按照优中选优、选留培育的原则，选择符合品种标准的优质种驴组建育种核心群，建立种驴管理制度，完善种驴选育档案，持续不断地开展良种登记、性能测定和遗传评估等工作，让选育过程有数据支撑，并将测定数据真正用于选育和指导生产。不断调整育种核心群的畜群结构，优化饲养管理技术方案，加强基础条件建设，不断提高育种核心群种驴的生产性能。

3. **选育群建设** 按照育种目标，选择扩繁群中基本符合育种目标的优秀母驴，建立选育群，并积极利用人工授精等现代繁育技术迅速扩群。不断进行个体表型选择，加强种母驴的选择和培育，使选育群的遗传基本一致并符合育种规划目标。加大选种选配力度，繁殖力较低的母驴应及时淘汰。选育群要强化人工选择和自然选择，在进行个体表型选择时，对优秀的种公驴要加强选择利用，选留的优质种公驴要推广到基础群参与配种工作，根据其体格发育、外貌特征、性欲强度、后代表现等选留部分优质种驴作为后备种公驴。

4. **扩繁群建设** 选择符合育种要求的母驴组建基础群，根据育种目标开展选种选配，采用人工授精技术进行杂交改良和完善，并加强其杂交驴驹的培育。选择体型高大、对当地气候条件和地理环境适应性好、繁殖力强的杂交母驴不断进行补充更新，提升基础群的群体质量。

驴繁育技术体系应通过优良性状基因的选优提纯、选种选配、纯种繁育、定向培育、科学饲养管理等措施，从体型外貌、生长发育、繁殖性能、种用价值等多方面开展系统选育，最终建立以市场为导向，政府为主导，种驴场为核心，驴养殖企业、合作社为基础，科研单位为技术支撑，人工授精配种站为枢纽，彼此紧密结合的新型现代化繁育技术体系，实现种育繁推一体化。

第四章 《
疆岳驴主要疾病防治

"预防为主，防重于治"和"中西医结合"，是养驴业疾病防治工作的方针。只有做好卫生防疫工作，才能有效地发挥饲养管理的作用，产生良好的经济效益。

一、疆岳驴一般防疫措施

驴的防疫措施很多，但最为重要的有五条：一是驴场及圈舍的建设要科学合理；二是定期消毒，增强驴的抗病能力；三是消灭传染源和传染媒介；四是计划免疫和检疫；五是做好疫情发生后的防疫措施。

（一）驴场及圈舍的卫生防疫

驴场的选址和圈舍的建设要符合家畜环境卫生学的要求。良好的环境条件能减少传染病的侵袭、加强驴对疾病的抵抗能力，有利于驴本身的生长发育（图4-1、图4-2）。

图4-1　种公驴圈舍

图4-2 母驴圈舍

1. 驴场选址 应选在地势较高、干燥，水源清洁方便，远离屠宰场、牲畜市场、收购站、畜产品加工厂以及家畜运输往来频繁的道路、车站、码头，并与居民区保持一定的距离，以避免传染源的污染。

（1）距离生活饮用水源地、动物屠宰加工场所、动物和动物产品集贸市场500米以上；距离种畜场1 000米以上；距离动物诊疗场所200米以上；动物饲养场之间距离不少于500米。

（2）距离动物隔离场所、无害化处理场所3 000米以上。

（3）距离城镇居民区和文化、教育、科研等人口集中区域及公路、铁路等主要交通干线500米以上。

（4）可考虑其他隔离措施，如种树、围墙等。

2. 驴场布局 养殖场内圈舍应相对独立，以防止发生疫情时被界定的疫点内易感动物数量过多。

场区周围建有围墙，场区出入口处设置与门同宽，长4米、深0.3米以上的消毒池，应该使用效果好的消毒剂，如有机氯类消毒剂（如二氯异氰尿酸钠、三氯异氰尿酸）、复合酚类、季铵盐类等，轮换使用，每次只用一种，不混用，一个月更换一种；生产区与生活办公区分开，并有隔离设施；生产区入口处设置更衣消毒室（准备好更换的工作服及一次性帽子、口罩和鞋套），室内有紫外灯照射，设有超声雾化器喷雾消毒（用刺激性较小的季铵盐类消毒剂）装置，生产者进入应该消毒（紫外灯照射和消毒剂喷雾）3分钟，消毒室地面设有消毒液（有机氯类消毒剂和复合酚类消毒剂）浸湿的消毒垫，各养殖栋舍出入口设置石灰池或者消毒垫；生产区内清洁道、污染道分设；生产区内各养殖栋舍之间有隔离设施，如围栏或植被。

3. 驴场设施设备 场区入口处配置消毒设备（主要是消毒池，要保持其有效性，及时添加消毒液，不能干涸，过往车辆必须从消毒池经过，严禁绕行）；生产区有良好的采光、通风设施设备；圈舍地面和墙壁选用适宜材料，以便清洗消毒；配备具有疫苗冷冻（冷藏）设备、消毒和诊疗等防疫设备的兽医室，或者有兽医机构为其提供相应服务；配备有与生产规模相适应的无害化处理、污水污物处理设施设备；有相对独立的引入驴隔离舍和患病驴隔离舍。

4. 驴场人员配置 有与驴场养殖规模相适应的执业兽医或者乡村兽医，每个兽医技术人员可负责500～1 000头驴的检疫防疫、疾病诊断以及卫生保健工作；患有布鲁氏菌病、结核病等人畜共患传染病的人员不得从事驴场饲养工作；驴饲养场或养殖小区应当按规定建立免疫、用药、检疫申报、疫情报告、消毒、无害化处理、畜禽标识等制度及记录档案，档案要有专人定期检查。

5. 种驴场建设要求 距离生活饮用水源地、动物饲养场、养殖小区和城镇居民区等人口集中区域及公路、铁路等主要交通干线1 000米以上，有围墙或植被隔开；距离动物隔离场所、无害化处理场所、动物屠宰加工场所、动物和动物产品集贸市场、动物诊疗场所3 000米以上；有防鼠、防鸟、防虫设施或者措施；有国家规定的动物疫病（如马传染性贫血、结核病、布鲁氏菌病等）净化制度；根据需要，种驴场还应设置单独的精液、胚胎采集等区域。其他设施设备及人员配置要求同一般养驴场。

种驴场要有良好的圈舍和运动场。圈舍要求冬季能防寒，夏季能防暑。驴耐寒性较差，所以防寒格外重要。厩床应平坦、干燥，厩舍采光良好。运动场要宽阔、排水良好。粪尿应及时清除。

饲料要清洁卫生，品质优良，多种多样，精、粗、多汁饲料合理搭配，满足各种驴的营养需要。水源要清洁，水质要好。

（二）保持圈舍清洁和定期消毒

每天及时清除圈舍内的粪尿，并堆积发酵，以消灭寄生虫虫卵。对圈舍墙壁，每年用生石灰粉刷，饲槽、水槽、用具、地面定期消毒，且每年不少于2次。

（三）做好检疫工作，以防传染源扩散

检疫是阻止传染源扩散的有效措施。在引进种驴、采购饲料和畜产品时，一定要注意不可从疫区购买种驴或草料。对从外地新引进的种驴，应在隔离厩舍内饲养1个月，经检疫健康者，才可合群饲养。

（四）实施预防接种，防止传染病流行

预防接种应有的放矢，选择最有利的时机进行。例如，春季对驴进行炭疽芽孢疫苗的预防注射，以预防炭疽；用破伤风类毒素定期预防注射，以预防破伤风。

为了使上述工作正常开展，要广泛地做好宣传工作，使领导和群众都认识到卫生防疫工作的重要性。只有把广大群众都动员起来，防疫措施才能得到认真贯彻，保证防疫收到实效。

（五）做好疫情发生后的防疫措施

1. 及时报告疫情　当疫病发生时，应立即报告地方兽医机构。报告内容应包括发病驴的性别、年龄，发病驴所属地区、数量，疫病传播速度、一般病状、死亡情况、病理剖检变化等，以便迅速做出诊断。

2. 隔离和封锁　首先应将病驴安排在隔离舍饲养、治疗。隔离舍一般设在离大群稍远的下风向。在疫病发生后，应在上级兽医部门的指导下，对疫区道路实行严格封锁，关闭牲畜市场，严禁家畜流动。死驴要深埋，不得私自食用。

3. 彻底消毒，消灭病原 凡被病原污染的圈舍、地面、墙壁、用具，以及工作人员的衣、帽和交通工具等一律进行消毒。常用的消毒剂有1%～3%的烧碱溶液、10%～20%的石灰乳、草木灰溶液、1%的漂白粉、2%的来苏儿等进行喷雾或浸泡。另外，也可选用二氯异氰尿酸钠、三氯异氰尿酸、复合酚类、新洁尔灭、季铵盐类消毒剂等，用法参照产品说明。

4. 积极治疗病驴 对驴的传染病，只要做到早期诊断，适时、有针对性地用药，一般是可以治愈的。如治疗无效并发生死亡，应在指定地点深埋和烧毁，以免疫情传播。

只要认真执行上述措施，就能有效防止驴病的发生，保证养驴业的健康发展。

二、驴病的特点及诊断

（一）驴病的特点

驴与马是同属动物，因此驴的生物学特性及生理结构与马基本相似，但它们之间又有较大的差异，故在疾病的表现上也有不同。

驴所患疾病的种类，不论内科、外科、产科、传染病和寄生虫病等均与马相似。如常见的胃扩张、便秘、疝痛、腺疫等。由于驴独特的生物学特性，其抗病能力、临床表现和对药物的反应等与马有所区别，因而驴病在病因、病情、病理变化及症状等方面独具特点。例如，疝痛的临床表现，马表现十分明显，特别是轻型马，而驴则多表现缓和，甚至不显外部症状；驴对鼻疽敏感，感染后易引起败血或脓毒败血症，而对传染性贫血有着较强的抗力；在相同情况下，驴不患日射病和热射病，而马则不然。此外，驴还易患某些特异性疾病如霉玉米中毒、母驴怀骡的产前不吃等。

因此，在诊断和治疗驴病时，必须加以注意，不能生搬硬套马病治疗经验，而应针对驴的特性，采取适当的治疗措施。

（二）驴病的诊断及注意事项

驴病的诊断方法与其他家畜一样，即采用中兽医的望、闻、问、切和现代兽医的视、触、听、叩及化验检查和仪器诊断等。凡兽医临床诊断学方面的有关知识和方法，均可应用。以下重点介绍疆岳驴的健康和异常行为表现，以便及早发现疾病，及时治疗。

正常驴的生理特征参数：体温为37.5 ～ 38.5 ℃ ；心搏：42 ～ 54次/分；血红蛋白浓度为7.7 ～ 13.3克/100毫升；红细胞数量为（4.96 ～ 5.88）×10^6个/米^3；白细胞数量为（7.0 ～ 17）×10^3个/米^3。

健康的疆岳驴不论平时还是放牧中，总是两耳竖立，活动自如，头颈高昂，精神抖擞。特别是公驴相遇或发现远处有同类时，则昂头凝视，大声鸣叫，跳跃并试图接近。健康驴吃草时，咀嚼有力，格格发响，如有人从槽边走过，鸣叫不已。健康驴的口色鲜润，鼻、耳温和。粪球硬度适中，外表湿润光亮，新鲜时草黄色，时间稍久变为褐色。被毛光润。时而喷动鼻翼，即打"吐噜"。俗话说"驴打吐噜牛倒沫，有病也不多"，这些都是健康驴的表现（图4-3）。

驴对一般疾病有较强的耐受力，即使患病也能吃草、喝水。

图4-3　健康疆岳驴公驴

若不注意观察，待其不吃不喝、食欲废绝时，病就比较严重了。判断驴是否正常，可以从平时吃草、饮水的状态和鼻、耳的温度变化等方面进行观察比较。驴低头耷耳，精神不振，鼻、耳发凉或过热，虽然吃草，但不喝水，说明驴已患病，应及早诊治。

饮水的多少对判断驴是否有病具有重要的意义。驴吃草少而喝水不少，可知驴无病；若草的采食量不减，而连续数天饮水减少或不喝水，即可判断该驴不久就要发病。

如果粪球干硬，外被少量黏液，喝水减少，数天后可能要发生胃肠炎。饲喂中出现异嗜，时而啃咬木桩或槽边，饮水不多，精神不减，则可能发生急性胃炎。

驴虽一夜不吃，退槽而立，但只要鼻、耳温和，体温正常，可视为无病。黎明或翌日即可采食，饲养人员称之为"瞪槽"。驴病发生常和天气、季节、饲草更换、草质、饲喂方式等因素密切相关。因此，一定要按照饲养管理的一般原则和不同生理状况的驴对饲养管理的不同要求来仔细观察，才能做到"无病先防，有病早治，心中有数"。

另外，驴病后卧地不起，或虽不卧地但精神委顿，依恋饲养员而不愿离去，这些都是病重的表现，应引起特别注意（图4-4）。

图4-4　患病驴的症状

三、马属动物常见病的防治

（一）常见传染病的防治

1.破伤风　又称强直症，俗称锁口风。是由破伤风梭菌经创伤感染后，产生的外毒素引起的人畜共患中毒性、急性传染病。其特征是驴对外界刺激兴奋性增高，全身或部分肌群呈现强直性痉挛。

破伤风梭菌的芽孢能长期存在于土壤和粪便中，当驴受到创伤时，因泥土、粪便污染伤口，病菌就可能随之侵入机体，在驴体内繁殖并产生毒素，引起发病。潜伏期1～2周。驴体受到钉伤、鞍伤或去势消毒不严，以及新生驴驹断脐不消毒或消毒不严都极易传染此病。特别是小而深的伤口，由于被泥土、粪便、痂皮封盖，造成无氧条件，极适合破伤风芽孢的生长。在临床上，特别是役用驴，常因不合适的笼头引起外伤而导致破伤风的发生（图4-5）。

图4-5　驴破伤风

（1）临床症状　全身肌肉持续性痉挛性地收缩。病初，肌肉强直常出现于头部，逐渐发展到其他部位。开始时两耳发直，鼻孔开张，颈部和四肢僵直，步态不稳，全身动作困难，高抬头或受惊时，瞬膜外露更加明显。随后咀嚼、吞咽困难，牙关紧闭，头颈伸直，四肢开张，关节不易弯曲。皮肤、背腰板硬，尾翘，姿势像木马一样。响声、强光、触摸等刺激都能使痉挛加重。呼吸快而浅，黏膜缺氧呈蓝红色，脉细而快，偶尔全身出汗，后期体温可上升到40℃以上。

如病势轻缓，驴还可站立，稍能饮水吃料。病症延长到2周以上时，经过适当治疗，一般可痊愈。如驴在发病后2～3天内牙关紧闭，全身痉挛，心脏衰竭，又有其他并发症者，多易死亡。本病的死亡率在90%以上，建议实行安乐死。对一些治疗的病例，需要时间来使病驴慢慢康复。

（2）鉴别诊断　此病应该与以下疾病相区别：狂犬病，肉毒杆菌中毒，吞咽困难，绞痛，母畜低钙血及严重使役，蹄叶炎，有机磷中毒，由感染、寄生虫、创伤引起的抽搐和外周神经紊乱，幼驹脑膜炎及新生失调综合征。

（3）治疗

①消灭病原　清除创伤内的脓汁、异物及坏死组织，创伤深而创口小的需扩创，然后用3%过氧化氢或2%高锰酸钾溶液洗涤，再涂5%～10%的碘酊。应用头孢菌素或青霉素类药物进行抗感染治疗，肌内注射青霉素200万单位、链霉素100万单位，每天2次，连用1周，预防新的感染发生。

②中和毒素　尽早静脉注射破伤风抗毒素血清10万～15万单位，首次剂量宜大，每天1次，连用3～4次，血清可混在5%葡萄糖溶液中注射。为防止过敏的发生可肌内注射地塞米松等药物。

③解痉镇痛　静脉注射25%硫酸镁溶液100毫升，每天1次，直至痉挛缓解。

④强心补液　每天适当静脉注射5%葡萄糖生理盐水500毫升，并加入复合维生素B和维生素C各10～15毫升。心脏衰弱时可以注射5%葡萄糖溶液500毫升，加安钠咖20毫升，每天1次，连用3天。

⑤伤口处理　用3%过氧化氢或2%高锰酸钾溶液洗涤，再涂5%～10%碘酊。每天1～2次，连用7天（图4-6、图4-7）。

⑥中药治疗　用加减防风散效果较好。中药处方：防风、羌活、炒僵蚕各30～60克，天麻、天南星、蝉蜕（炒黄研末）、姜白芷各15～45克，川芎24～45克，红花30克，全蝎（去头足）12～24克，姜半夏24～45克；黄酒130毫升为引。连服3～4剂，以后每隔1～2天服1剂。引药改用蜂蜜150克或猪胆2个，其中

图4-6　驴破伤风伤口

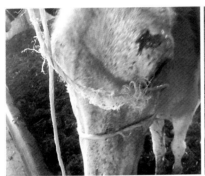

图4-7　驴破伤风皮伤

红花可换当归20～30克，蝉蜕减为小量，至病势基本稳定时，即可停药观察。

　　⑦加强护理　要做好静、养、防、遛四个方面的工作。要使病驴在僻静较暗的单厩里，保持安静。加强饲养，不能采食的病驴，常喂以豆浆、料水、稀粥等；能采食的，则投以豆饼等优质草料，任其采食。要防止病驴摔倒，造成碰伤、骨折，重病驴可吊起扶持。对停药观察的病驴，要定时牵遛、刷拭、按摩四肢。

　　（4）预防　主要是做好预防注射和防止外伤的发生。实践证明，坚持预防注射，完全能防止此病发生。第1次注射后间隔4～6周进行第2次注射，然后每年注射1次。在母畜分娩前1个月可以进行加强注射。幼畜在出生后6小时内要保证充足的初乳。幼畜出生24小时内可以注射3万单位的抗毒素。对已进行破伤风预防的母畜，在幼畜3月龄时进行预防注射；对没有进行破伤风预防的母畜，在幼畜6周龄时进行预防注射。

2.驴腺疫 中兽医称槽结、喉骨肿。是由马腺疫链球菌引起的马、驴、骡的一种接触性的急性传染病。断奶至3岁的驴驹易发此病。病原为马腺疫链球菌。病菌随脓肿破溃和病驴喷鼻、咳嗽排出体外，污染空气、草料、水等，经上呼吸道黏膜、扁桃体或消化道感染健康驴。该病潜伏期平均为4~8天，有的1~2天。

（1）临床症状 最初的临床症状除病驴食欲不振、精神沉郁、从鼻部流出浆液性鼻液外，还包括体温升高到40℃以上，下颌区域疼痛和肿胀。病驴康复后可终身免疫。由于驴体抵抗力和细菌的毒力、数量不同，在临床上可出现三种病型。

①一过型 病驴主要表现为鼻、咽黏膜发炎，有鼻液流出。下颌淋巴结有轻度肿胀，体温轻度升高。如加强饲养，增强体质，则驴常不治而愈。

②典型型 病初病驴精神沉郁，食欲减少，体温升高到39~41℃。结膜潮红、黄染，呼吸、脉搏增数，心搏加快。继而发生鼻黏膜炎症，并有大量脓性分泌物。咳嗽，咽部敏感，下咽困难，有时食物和饮水从鼻腔逆流而出。下颌淋巴结脓肿破溃，流出大量脓汁，这时体温下降，炎性肿胀逐渐消退，病驴也逐渐痊愈。病程为2~3周。

③恶性型 病驴由于抵抗力很弱，马腺疫链球菌可由下颌淋巴结蔓延或转移，而发生并发症，致使病情急剧恶化，预后不良。常见的并发症如体内各部位淋巴结的转移性脓肿、内部各器官的转移性脓肿以及肺炎等。如不及时治疗，病驴常因脓毒败血症而死亡。

（2）治疗 本病轻者无须治疗，通过加强饲养管理，即可自愈。重者，伤口用1%新洁尔灭溶液或1%高锰酸钾溶液彻底冲洗，可在肿胀化脓处涂抹10%~20%樟脑酒精、20%松节油软膏、鱼石脂软膏等。患部破溃后可按外科常规处理。如体温升高、有全身症状，可用青霉素、磺胺类药物治疗，病情严重的可以静脉注射5%葡萄糖溶液加维生素C 20毫升，有良好效果。

（3）预防　对断奶驴驹应加强饲养管理和运动锻炼，注意优质草料的补充，增强其抵抗力。发病季节要勤检查，发现病驹立即隔离治疗，其他驴驹可第1天给10克，第2、3天给5克的磺胺类药物拌入饲料中。也可以注射马腺疫灭活菌疫苗进行预防。

3.驴传染性胸膜肺炎　又称驴胸疫，病原可能是支原体或病毒。是马属动物的一种急性传染病。本病多为直接或间接接触传染。发病的多为1岁以上的驴驹和壮龄的驴。本病有厩舍病之称，多因厩舍潮湿、寒冷、通风不良、阳光不足及驴多拥挤造成。虽全年可发病，但以秋、冬和早春季节天气骤变时较多发。一般为散发，有时呈地方流行性发生。防治措施不当时，可持续数年之久。国内西北、西南、华北及内蒙古等地都曾有发生，目前只有个别地区散在发生。

（1）临床症状　本病潜伏期一般为10～60天。根据临床表现，可分为典型胸疫和非典型（一过型）胸疫，其中一过型胸疫较为多见。

①典型胸疫　此类型较少见，病驴呈现纤维素性肺炎或胸膜炎症状。病初突发高热40℃以上，呈稽留热，持续6～9天或更长，以后体温突降或渐降。如发生胸膜炎时，则体温反复。病驴精神沉郁，食欲废退，呼吸、脉搏增数。结膜潮红、水肿、微黄染。皮温不整，全身战栗。四肢乏力，运步强拘。腹前、腹下及四肢下部出现不同程度的浮肿。病驴呼吸困难，呈腹式呼吸。病的初期流水样鼻液，偶见痛咳，听诊肺泡音增强，有湿性啰音；中后期流红黄色或铁锈色鼻液，听诊肺泡音减弱、消失；后期可听见湿性啰音及捻发音。经2～3周恢复正常。炎症波及胸膜时，听诊有明显的胸膜摩擦音。病驴口腔干燥，口腔黏膜潮红带黄，有少量灰白色舌苔。肠音减弱，粪球干小，并附有黏液；后期肠音增强，出现腹泻，粪便恶臭，甚至并发肠炎。

②非典型（一过型）胸疫　本型较多见。病驴突然发热，体温达39～41℃。全身症状与典型胸疫初期相同，但比较轻微。呼吸道及消化道往往只出现轻微炎症，咳嗽，流少量水样鼻液，肺泡音增强，有的出现啰音。及时治疗，经2～3天后恢复。有的病驴表现为短暂的体温升高，而无其他临床症状。

非典型的恶性胸疫，多由发现太晚、治疗不当、护理不周造成。

（2）治疗　及时使用914（新砷凡拉明），按每千克体重0.015克，用5%葡萄糖生理盐水注射液稀释后缓慢静脉注射，间隔2～3天后，可进行第2次注射。为防止继发感染，还可用青霉素、链霉素、卡那霉素、土霉素和磺胺类药物注射。此外，对伴有胃肠、胸膜、肺部疾患的驴，可根据其具体情况进行对症处理。

中药治疗方案：可用清肺止咳散。当归、桔梗各22克，甘草19克，知母、贝母、桑白皮、黄芩、木通各25克，冬花、瓜蒌各31克。共为细末，开水冲开，候温灌服。

药物加减：初期加杏仁、苏叶、防风、荆芥各25克。中期热盛者，加栀子、丹皮、杷叶各21克。热盛气喘者，加生地、黄檗各30克，重用桑白皮、苏子、赤芍。鼻流脓涕者，减天冬、百合，加金银花、连翘、车前子各21克，重用桔梗、贝母、瓜蒌等。粪干者加蜂蜜60克。口内涎多者加枯矾10克。胸内积水者，重用木通、桑白皮，加滑石100克，车前子、旋复花各21克，猪苓、泽泻各25克。年老体弱者，重用百合、天冬、贝母，加秦艽21克、鳖甲30克等。后期脾胃虚弱者，减寒性药，重用当归、百合各30克，加苍术、厚朴、枳壳、榔片、法夏各21克，气血虚弱者，减寒性药，重用当归、百合各30克，天冬21克，加苍术21克，党参、山药各30克，五味子、白芍各21克，熟地30克，秦艽、黄芪、首乌各21克等。

（3）预防　平时要加强饲养管理，严格遵守卫生制度，特别是冬春季节要补料，给予充足的饮水，以提高驴的抵抗力。要注意圈舍干燥、通风良好。发现病驴，立即隔离治疗。被污染的厩舍及饲养用具，用2%～4%氢氧化钠溶液或3%来苏儿溶液消毒，粪便要进行发酵处理。

4.肺炎　驴饥饿、过劳、受寒冷刺激或吸入刺激性气体等而使机体抵抗力降低时，肺炎球菌及各种病原微生物大量繁殖，致发本病。

（1）临床症状　病初期病驴主要症状为咳嗽、发热，体温达40.5 ~ 41℃，持续时间为 6 ~ 9 天，以后体温逐渐下降。胸膜发炎时，反复发热，精神沉郁，脉搏加快，每分钟60 ~ 100次，初期心音增强，中后期心音减弱，心律不齐，食欲废绝，呼吸加快，每分钟40 ~ 80次，严重时腹式呼吸。结膜潮红、水肿，微黄染。全身战栗，四肢乏力，运步障碍。病驴初期从鼻孔流水样鼻液，中后期流红黄色或铁锈色鼻液。初期偶尔出现疼痛的咳嗽，听诊肺泡音增强，有湿性啰音。在中期听诊肺泡音减弱或消失；在后期发生咳嗽。非典型病驴突然发热，体温达39 ~ 41℃，咳嗽，流少量水样鼻液，肺泡音增强，有的出现啰音。及时治疗，经 2 ~ 3天后很快恢复，有的仅表现短时体温升高，而无其他临床症状（图4-8）。

图4-8　驴肺炎的病理变化

（2）治疗

①治疗方案一　清肺止咳散或麻杏石甘散拌料，连用7 ~ 10天。发热的病驴首先要肌内注射安乃近注射液，然后注射500毫升0.9%氯化钠3瓶，1克头孢噻夫钠 4 支，阿奇霉素2毫克，地塞米

松3支，放到5瓶氯化钠里缓慢静脉注射，1天1次，连用7天。对症治疗：20%樟脑磺酸钠注射液20毫升静脉注射，1天1次。利尿剂：40%乌洛托品注射液50毫升静脉注射。还可使用钙剂葡萄糖酸钙，防止渗出等。

②治疗方案二　常用青霉素100万～200万单位肌内注射，每8～12个小时注射1次，对重症病驴，可将青霉素200万单位，加入5%葡萄糖生理盐水500毫升中，溶解后，缓慢静脉注射，效果显著。也可以选土霉素注射液。

（3）预防　驴进场后首先要进行消毒，然后在隔离区观察15～20天后再入群，千万不能将新购入的驴放入大群，一旦发病则很难控制。新引进的驴先不急于饲喂，特别是不能饲喂精饲料，但必须给予清洁的饮水，以多次少饮为好。如果当地有流感发生，则必须在水里添加抗病毒中药：板蓝根颗粒或银翘散颗粒。提前预防，体质衰弱的驴要单独分群饲养，水或精饲料里添加一些能增强体质的电解多维或口服补液盐或维生素C等。加强饲养管理，严守卫生制度，冬季和春季要补料，给予充足饮水，提高驴抗病力。驴舍要清洁卫生、通风良好。发现病驴立即隔离治疗。被污染的圈舍用2%～4%氢氧化钠溶液或3%来苏儿溶液消毒，粪便要进行发酵处理。

5.流行性感冒　驴的流行性感冒（流感）是由一种A型流感病毒引起的急性呼吸道传染病。

驴的流感病毒分为A1、A2两个亚型，二者不能形成交叉免疫。本病病毒对外界条件抵抗力较弱，加热至60℃、20分钟即可丧失感染力。一般消毒药物如福尔马林、乙醚、来苏儿、去污剂等都可使病毒灭活，但对低温抵抗力较强，在-20℃下可存活数天，故冬、春季多发。本病主要是经直接接触，或由飞沫（咳嗽、喷嚏）经呼吸道传染。不分年龄、品种，但以生产母驴、严重劳役和体质较差的驴易发病，且病情严重。

（1）临床症状　病驴初期为水样鼻涕，后变为浓稠的灰白色黏液，个别呈黄白色脓样鼻涕（图4-9）。临床表现有三种病型。

①一过型流感　较多见。病驴主要表现轻咳，流清鼻涕，体温正常或稍高，过后很快下降。精神及全身变化多不明显。病驴7天左右可自愈。

②典型性流感　咳嗽剧烈，初为干咳，后为湿咳，有的病驴咳嗽时，伸颈摇头，粪尿随咳嗽而排出，咳后疲劳不堪。有的病驴在运动时，或受冷空气、尘土刺激后咳嗽显著加重。病驴初期为水样鼻涕，后变为浓稠的灰白色黏液，个别呈黄白色脓样鼻涕。病驴精神沉郁，食欲减退，全身无力，体温升高到39.5～40℃，呼吸增数。心搏加快，每分钟达60～90次。个别病驴在四肢或腹部出现浮肿。如能精心饲养，加强护理，充分休息，适当治疗，经2～3天即可体温正常，咳嗽减轻，2周左右康复。

③非典型性流感　即并发症和继发症的发生。此型流感均因病驴护不好，治疗不当造成。如继发支气管炎、肺炎、肠炎及肺气肿等，则病驴除表现流感症状外，还表现继发症的相应症状。如不及时治疗，则引起败血、中毒、心衰，甚至死亡。

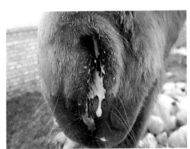

图4-9　驴流行性感冒症状

（2）治疗　如果没有并发症或继发感染，轻症一般不需要药物治疗，4～7天后临床症状得到改善。重症应施以对症治疗，给予解热、止咳、通便的药物。降温可肌内注射安痛定10～20毫升，每天1～2次，连用2天。剧烈咳嗽可用复方樟脑酊15～20毫升，或杏仁水20～40毫升，或远志酊25～50毫升。化痰可加氯化铵8～15克，也可用食醋熏蒸。

中药可用加减清瘟败毒散清热解毒。药方：生石膏120克，生地30克，桔梗17克，栀子24克，黄芩30克，知母30克，玄参30克，连翘24克，薄荷12克，大青叶30克，牛蒡子30克，甘草17克。共研末，开水冲服，或煎汤灌服。

（3）预防　应做好日常的饲养管理工作，增强驴的体质，勿使过劳。注意疫情，及早做好隔离、检疫、消毒工作。出现疫情，舍饲驴可用食醋熏蒸进行预防，每天1～2次，直至疫情稳定。为配合治疗，一定要加强护理，给予充足的饮水和丰富的青绿饲料。让病驴充分休息。

6.**感冒**　驴在天气突变、昼夜温差大以及淋雨后容易发生感冒，如果治疗不及时，可继发肺炎等疾病。

（1）临床症状　主要症状为发热、咳嗽、流鼻涕、精神不振等。

（2）治疗　采用退热药物加抗生素进行治疗，一般常用安乃近配合青霉素、链霉素。如体重100～150千克的驴，用10～20毫升安乃近注射液、400万～800万单位青霉素、200万～400万单位链霉素，混合一次肌内注射，每天2次。

（3）预防　当天气较差时及时关好门窗保温，避免驴因应激而诱发感冒。同时需要做好卫生消毒工作，天气好时及时开窗通风，降低圈舍湿度。

7.**驴传染性支气管肺炎**　肉驴此病的发生很常见，患病的主要原因是机体抵抗力降低，也可能是继发于腺疫、鼻疽、感冒等病。

（1）临床症状　病初呈支气管炎的症状，但全身症状比较严重。病畜精神沉郁，结膜潮红或发绀，脉搏加快，每分钟60～100次，呼吸浅表增数，每分钟可达40～100次。体温于发病2～3天内升至40℃以上，以后多呈弛张热。个别体质极度衰弱的病驴，体温不一定升高。在病灶部位，病初肺泡呼吸音减弱，可听到捻发音，当肺泡和细支气管内完全充满渗出物时，则肺泡呼吸音消失；因炎性渗出物的性状不同，随着气流通过发炎部位的支气管腔时，可听到干性啰音或湿性音。健康的肺脏部位，肺泡呼吸音增强。

（2）治疗

① 常用磺胺制剂为磺胺嘧啶；常用抗生素为青霉素100万～ 200万单位肌内注射，每8 ～ 12小时注射1次。对重病肉驴，可以青霉素100万单位，加入复方氯化钠溶液或5%葡萄糖生理盐水500毫升中，溶解后，缓慢静脉注射。

② 制止渗出和促进炎性渗出物吸收。可静脉注射10%氯化钙液50 ～ 100毫升，每天1次；或静脉注射葡萄糖酸钙溶液200毫升。

③ 为了增强心脏机能，改善血液循环，可适当选用强心剂，如安钠咖、樟脑溶液、强尔心溶液等。

（二）常见寄生虫病的防治

驴常见的寄生虫病有马胃蝇（蛆）病、疥螨病（疥癣）、蛲虫病等。

1. 马胃蝇（蛆）病 本病是马、驴、骡常见的慢性寄生虫病。病原是马胃蝇（蛆）的幼虫，主要寄生在驴胃内和十二指肠内，感染率比较高。马胃蝇发育史1年。整个生活要经过虫卵、蛆、蛹、成虫四个阶段。成虫在自然界中只能生活数天，雄蝇与雌蝇交尾后，雄蝇很快死亡。雌蝇将卵产于驴的体表被毛上，当驴啃咬皮肤时，幼虫经口腔侵入胃内继续发育。翌年春末夏初，第三期幼虫完全成熟，随粪便排出体外，在地表化为蛹和成虫。马胃蝇（蛆）以口钩固着于驴胃黏膜上，刺激局部发炎，形成溃疡。

（1）临床症状 病驴由于胃内寄生大量马胃蝇，刺激局部发炎形成溃疡，使驴的食欲减退，消化不良，腹痛，消瘦。马胃蝇幼虫寄生在直肠和肛门，引起奇痒。

（2）治疗 常用精制敌百虫驱虫。按每千克体重用0.03 ～ 0.05克，配成5%～ 10%的水溶液，内服。对敌百虫敏感的驴，可出现腹痛、腹泻等副作用，可皮下注射1%硫酸阿托品溶液3 ～ 5毫升，或肌内注射解磷啶，每千克体重用20 ～ 30毫克抢救。

（3）预防　首先要注意将排出带有蝇（蛆）的粪便烧毁或堆积发酵，其次要对新入群的驴进行驱虫；此外还要在7—8月马胃蝇活动的季节，每隔10天用2%敌百虫溶液喷洒驴体1次。

2. 疥螨病　驴疥癣病（疥癣）是由疥螨和痒螨寄生在驴体表或表皮内而引起的寄生虫病。病驴以剧痒、皮肤炎症、脱毛和消瘦为主要特征。本病具有传染性，可在短期内感染同群其他驴。本病在春、秋、冬季多发。

视频6

（1）临床症状　驴患本病时，经常在圈舍内的墙壁、木桩（铁护栏）或槽沿上摩擦头面部或身体其他部位的皮肤，有时不断地啃咬或磨蹭自身某一部位，致使局部被毛纠结、脱落，皮肤发生破伤，创面红肿、出血，有渗出性液体。躯体多处皮肤受害的病驴，因患部剧痒而终日不停地啃咬或摩擦，骚动不安，异常烦躁，难以正常饮食和休息。病驴的痒觉在环境比较温暖时尤显剧烈。

驴患疥螨病时，先由头、颈部及体侧开始，随后蔓延到肩、背部以至全身皮肤，患部被毛脱落，皮肤落屑、充血发红，最初出现小结节，继而发生小水泡。病驴有持续性的剧烈痒觉而蹭痒时，常常磨破结节，局部分泌的渗出液、脱落的上皮组织、被毛和污物常常相互混杂在一起，干燥后形成痂皮。痂皮如果被磨破或蹭脱后，裸露的创面有大量液体渗出，局部毛细血管破裂、出血。之后，在此创面上又逐渐生出新痂。由于驴体患部反复磨伤，病变区域不断扩展，局部脱毛，皮肤增厚或形成皱褶而失去原有弹性。驴患痒螨病时，常发生于鬃部、鬐部、尾根、颌间部、股内侧等被毛稠密且温度和湿度比较恒定的皮肤。皮肤上常出现浅红色或浅黄色粟粒大或扁豆大的小结节以及充满液体的小水泡。患驴摩擦痒部，造成小水泡的弥散性细胞清润和水肿，汗腺和毛囊也受到破坏，随后脱毛，皮肤上出现鳞屑，而后出现脂肪样的浅黄色痂皮，容易剥离，皮肤失去光泽，病驴食欲减退，慢慢消瘦（图4-10）。

图4-10 驴疥癣病的症状

（2）治疗 发生本病时及时将患病驴和健康驴进行隔离。对患病驴污染的驴舍、饲养工具、用具、墙壁、垫物等进行彻底的消毒处理（用火焰喷射器消毒杀菌）。在治疗前先剪去患部的毛，将剪掉的被毛和皮屑收集于污物筒内焚烧或用杀螨药浸泡。然后用温肥皂水或温碱水洗涤患部，除去患部的痂皮、皮屑和污物，待干后即可涂抹药物。常用灭虫丁软膏，1天2次，一个疗程7天。也可用1%伊维菌素注射液，规格为2毫升/支，一次量为0.02毫升/千克（按体重计），皮下注射，每周1次，2次为1个疗程。

药浴疗法：45%磷丹溶液（精制马拉硫磷溶液），用水1 000倍稀释后对患部进行喷淋药浴，1周后重复药浴1次。

治疗3天后，痒感减轻，摩擦、啃咬现象减少；病驴食欲有所增加，精神趋于安定；无新增病例发生，病驴患部病灶不再扩大，病灶边缘被毛停止脱落，皮肤表面黄色水泡干涸。治疗13天后，病驴痂皮逐渐脱落，患部皮肤开始软化，恢复弹性并长出新毛，状况好转，进入完全康复阶段。

（3）预防 要经常刷拭驴体。发现病驴，要立即隔离治疗，以免接触传染。平时做好驴的卫生，坚持每天梳理毛皮，保证驴的皮肤洁净，以除去其身上的痂垢和污物，减少感染机会。保持驴舍干燥清洁，光线充足，通风良好，饲养密度适宜。定期消毒驴舍和饲养用具。对新引进的驴，均要进行检疫，引进后要隔离饲养2～4周，进行严格的临床观察，确认健康后方可混群饲养。

发现患病驴时，及时将病驴和健康驴进行隔离，避免直接接触引起该病的传染；对病驴要及时治疗并安排专人负责饲喂，同时饲养人员应加强自身防护，防止自身感染。

3.蛲虫病 该病病原为尖尾线虫，寄生于驴的大结肠内。雌虫在病驴的肛门口产卵，虫体为灰白色或黄白色，尾尖细而呈绿豆芽状。

（1）临床症状 由于虫体产卵于肛门附近，故引起肛门瘙痒。病驴表现为不断摩擦肛门和尾部，尾毛蓬乱、脱落，皮肤破溃感染。病驴经常不安，日渐消瘦和贫血（图4-11）。

图4-11 驴体内寄生虫

（2）治疗 应用敌百虫，用法和剂量同治疗马胃蝇蛆病。驱虫的同时应用消毒液，洗刷肛门周围皮肤，清除卵块，以防止再感染。每年1～2次体内外驱虫，驱虫后3～5天不要放牧，以便将排出的带有虫体和虫卵的粪便集中消毒处理。每头驴每千克体重用伊维菌素0.2毫克，按说明书皮下注射，按说明书口服阿苯达唑片。

（3）预防 主要是做好驴体卫生，及时驱虫，并做好用具和周围环境的消毒工作。

（三）常见消化系统疾病的防治

1.肠便秘 又称结症、肠阻塞。是由肠内容物阻塞肠道而发生的一种疝痛。在兽医临床上，该病发病率很高，也很常见。因阻塞部位不同分为小肠积食和大肠便秘。驴以大肠便秘多见，占疝痛的90％，多发生在小结肠、骨盆弯曲部，左下大结肠和右上大结肠的胃状膨大部，其他部位如右上大结肠、直肠、小肠阻塞则少见。肠内容物在肠道停滞从而阻滞了其他固体物质的通过，常引起腹痛，临床上大结肠阻塞最常见，其次是盲肠阻塞，回肠阻塞不常发生。

（1）结肠阻塞　最常见，多发生在大结肠，其中骨盆部弯曲部和右背侧结肠最易引起阻塞。结肠阻塞是导致结症的原因之一。许多原因可引起结肠阻塞，包括：不易消化的食物，如一些很干的饲料、长的植物的茎以及食物中的塑料绳或塑料袋；牙齿的问题，导致食物不易嚼碎；运输过程中的应激反应；寄生虫；全身脱水；吃一些垫草或其他不易消化的物质，如沙子；不充分的饮水；突然改变饲养管理，特别是运动和饮食；胃肠溃疡、肠道粘连或腹部肿瘤；降低胃肠活动的一些药物，如阿托品。

①临床症状　轻微到中度程度的腹痛，包括卷唇，做撒尿状，翻滚，频频地回望腹侧；心搏轻微增加；排粪越来越少，并且越来越干、硬，表面被覆黏液；精神沉郁，食欲减退或废绝；黏膜粉红；呼吸数正常或少许增加；体温正常或少许增加；脱水；易继发肠鼓气，严重时会导致肠破裂。诊断肠音很弱或听不到肠音，直肠检查发现直肠内少量或没有粪便。和奶牛相比，对马或驴的直肠检查更容易损伤直肠，因此检查的时候要非常小心且用大量的润滑剂。最常见的阻塞在骨盆部，探查到左腹部或腹中线部的团块物，类似于人紧握的拳头；小结肠阻塞通常在腹后部探查到小的结粪；左结肠一般易在右背侧处阻塞，但不易探查到，肠鼓气易发生。

②治疗　禁食直到驴正常排便，充分饮水，通过胃导管投入大量的饮用水或0.9%生理盐水，每隔几个小时投喂一次，在24小时内，投喂大概10毫升。通过胃导管投入一些矿物质油或液状石蜡（每12～24小时2 000～4 000毫升），严禁使用瓶子将这些药物从嘴灌入，因为这样很容易使矿物质油进入到肺部。通过胃导管投入硫酸镁，0.5～1.0毫克/千克（按体重计），溶解于41℃的

温水中，使用镇痛药，如氟尼辛葡胺；一些病例如阻塞不易排出或出现肠扭转或肠鼓气，可以采用手术治疗，一般2～3天情况会好转。

（2）盲肠阻塞 一般由于采食粗糙的食物；牙齿的问题；手术过程的应激反应；食入沙子或不充分的饮水；寄生虫感染及其他并发症等都能引起盲肠阻塞。

①临床症状 病驴表现不同程度的腹痛，排粪减少，精神沉郁，体温正常，一般没有脱水症状。

②诊断 检查病史；肠音弱，腹部气体的声音一般在腹部的右侧容易听到，直肠触诊能摸到硬结物。

③治疗 方法类似结肠阻塞。如果阻塞不是很严重，可以通过静脉输液疗法，禁食，监视临床症状的变化，灌服一些矿物质油或表面活性剂，以促进盲肠的蠕动，或切除盲肠。

（3）回肠阻塞 与结肠阻塞相比，不是很常见，一般发生在有严重寄生虫感染的青年驴和有腹部肿瘤的老年驴。绦虫能导致这种情况的发生，一般是由于绦虫引起肠套叠而导致梗阻。

①临床症状 病驴一般表现为严重的腹痛，心搏过速，体温正常或少许升高，排便减少，食欲减退，腹部扩张，脉搏不规则、强度减弱，皮肤缺乏弹性，毛细血管再充盈时间增加，结膜发绀，严重虚脱甚至死亡。

②诊断 直肠检查，肠鼓气和近端小肠有环状液体；另外，硬的结粪在盲肠的底部也能摸到，直肠内少量或没有粪便。在病程早期，可以使用胃导管辅助诊断，胃内排出液体，细胞学检查腹水正常，红细胞比容增加，脱水的情况下能见到总蛋白。

③治疗 止痛，可以用胃导管进行减压。通过胃导管灌入液状石蜡，但效果一般不好。手术治疗或病情继续发展，建议屠宰。需要注意的是，以上所有临床症状不会同时出现，有时动物会非常安静而反应迟缓，应定期检查病驴以确认这些症状是否恶化。

2. 驴胃肠炎 多为继发性胃肠炎，常见于肠便秘和胃肠寄生虫病的病程中。病驴不断排出稀软或水样粪便，其中混有血液及坏死组织。

（1）临床症状　腹泻严重的病畜脱水症状明显。

（2）治疗　可内服磺胺脒25～30毫克，1天3次，或敌菌净，每千克体重0.15克。补液，常用复方氯化钠、生理盐水、5%葡萄糖生理盐水等，因胃肠炎而引起病驴脱水时，一次用量为1 000～3 000毫升，1天2～3次。可配合6%右旋糖酐500毫升，每天1～2次，有改善血液循环的作用。解毒药物：为缓解酸中毒，可在输液时加入5%碳酸氢钠500毫升。为维护心脏机能，常用20%安钠咖10～20毫升皮下注射，每天1～2次。

用硫酸钠、干姜粉，溶于温水，混合一次灌服。紫皮蒜加白酒250克，混合后再加适量温开水一次灌服。氟苯尼考与硫酸黏菌素协同比例，按照100千克水溶解氟苯尼考5克以上，对难治的细菌性肠炎有效。

3.新生驹胎粪秘结　为新生驴驹常发病。主要是由于母驴妊娠后期饲养管理不当，营养不良，致使新生驴驹体质衰弱，引起胎粪秘结。

（1）临床症状　病驹不安，拱背，举尾，肛门突出，频频努责，常呈排粪动作。严重时疝痛明显，起卧打滚，回视腹部和拧尾。久之病驹精神不振，不吃奶，全身无力，卧地，直至死亡。

（2）治疗　可用软皂、温水、食用油等灌肠，在灌肠后内服少量双醋酚酊，效果更佳。也可给予泻剂或轻泻剂，如液状石蜡或硫酸钠（严格掌握用量）。

（3）预防　应加强对孕驴的饲养管理。驴驹出生后，应尽早吃上初乳。

4.流产沙门氏菌病　又名副伤寒，是由沙门氏菌属引起的疾病的总称。驴副伤寒是由马流产沙门氏菌引起的马属动物的一种传染病。幼驹感染后，发生败血症、关节炎和腹泻，有时出现支气管肺炎，故又称幼驹副伤寒，主要经被污染的饲料、饮水由消化道传染。健康驴与病驴交配或用病驴的精液人工授精时也能发生感染。初生驴驹的发病可因母驴子宫或产道内感染而引起。本病常发生于春、秋两季，以第一次妊娠母驴发生流产较多，流产多在妊娠中，即妊娠4～8个月时。流产过多的母驴，由于获得一定免疫力，很少再次流产（实际上，第二次流产复发率高达30%以上）。

马流产沙门氏菌导致的马属动物流产率逐年增加，难以控制。母畜流产前很难发现，通常没有明显的临床表现，流产比较突然，一旦发病则没有治愈药物。马属动物自然繁殖率低，大规模流产直接影响动物数量，造成严重的经济损失。特别是集约化养殖，人工授精扩大了该病的传播范围，加快了该病的传播速度，一旦造成环境污染，很难根除，会持续造成大规模流产。病原菌经过长年的进化，毒力发生改变，很多患病驴康复后不会获得免疫力，仍然会再次流产（图4-12）。

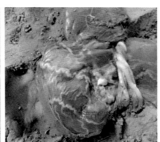

图4-12　驴流产沙门氏菌病症状

5.痢疾

（1）临床症状　病驴精神沉郁，食欲不振，可视黏膜淡粉色，眼眶下陷，腹部听诊有响雷音，腹部触诊敏感。病驴初期发热，后来体温降低。腹泻严重，1天5～6次，粪便有腥臭味，个别驴粪便带血。肛门黏膜发红，皮肤失去光泽，有严重脱水等症状（图4-13）。

图4-13　驴痢疾症状

（2）治疗　治疗原则是纠正脱水和调节电解质平衡，抑菌消炎，止泻，加强护理。炒面糊加温水+乳酶生片20粒+磺胺脒片8粒+蒙脱石粉1克+止立安灌服，1天2次，连续喂3～5天。驴驹脱水严重时，应及时补液。为减少胃肠负担，每天早晚各补液1次。补液方案：第一组，0.9%氯化钠溶液250毫升+硫酸庆大霉素2毫升；第二组，5%葡萄糖氯化钠溶液250毫升+维生素C注射液5毫升+三磷酸腺苷二钠注射液4毫升；第三组，0.9%氯化钠溶液250毫升+碳酸氢钠注射液20毫升+氯化钾注射液10毫升；第四组，5%葡萄糖氯化钠溶液250毫升+复合维生素B注射液4毫升。止泻用肠炎灵注射液和百病金方注射液肌内注射。

（3）预防　在预防该病的过程中，应做好综合预防措施，对圈舍定期消毒，保障哺乳母驴营养，加强管理，做好保暖措施。

6.幼驹腹泻　此病是一种常见病，多发生在驴驹出生后1～2个月内。病驹由于长期不能治愈，造成营养不良，影响发育，甚至死亡，危害性大。本病病因多样，如给母驴过量蛋白质饲料，造成乳汁浓稠，引起驴驹消化不良而腹泻。驴驹急吃使役母驴的热奶，吃母驴粪便，母驴乳房污染或有炎症等原因，均可引起腹泻。

（1）临床症状　病驹主要症状为腹泻，粪稀如浆。初期粪便黏稠、色白，以后呈水样，并混有泡沫及未消化的食物。病驹精神不振、喜卧，食欲消失，而体温、脉搏、呼吸一般无明显变化，个别体温升高。如为细菌性拉稀，多数由致病性大肠杆菌引起。病驹症状逐渐增重，腹泻剧烈，体温升高至40℃以上，脉搏疾速，呼吸加快。结膜暗红，甚至发绀。肠音减弱，粪便腥臭，并混有黏膜及血液。由于剧烈腹泻使驹体脱水，眼盂凹陷，口腔干燥，排尿减少而尿液浓稠。随着病情加重，幼驹极度虚弱，反应迟钝，四肢末端发凉（图4-14、图4-15）。

（2）治疗　对于轻症的腹泻，主要是调整肠胃机能。重症应着重于抗菌消炎和补液解毒。前者可选用胃蛋白酶、乳酶生、酵母、稀盐酸、0.1%高锰酸钾和木炭末等内服。后者可选用磺胺脒或长效磺胺，每千克体重0.1～0.3克；黄连素每千克体重0.2克；痢特灵每千克体重5～10毫克。必要时，可肌内注射庆大霉素。对重症幼驹还应适时补液解毒。

（3）预防　要做好厩舍卫生，及时消毒。驴驹每天应有充足的运动。应喂给母驴丰富的多汁饲料，限制饲喂过多的豆类饲料。平时对幼驹要做到勤观察、早发现、早治疗。

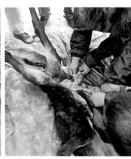

图4-14　幼驹腹泻症状

图4-15　幼驹腹泻病理变化

（四）其他疾病的防治

1. 驴子宫全脱治疗方法如下

（1）手术整复　用1%～3%的温食盐水或白矾溶液清洗脱出的子宫周围，去除黏附在肉团上的污物、杂草及坏死组织。用冰片或白矾适量，研为细末，涂抹在肉团上，以便使脱出物尽量收缩。若已发生水肿，应用小三棱针刺外脱的肿胀黏膜，放出血水。

整复时，术者用拳头抵住子宫角末端，在病驴努责间隙把外脱的子宫推进产道，还纳于骨盆腔，并把子宫所有皱褶舒展，使其尽量完全复位、复原。而后，进行阴唇的缝合，即在阴唇两外侧各垫2～3粒纽扣，纽扣的下方朝外，线通过纽扣孔进行缝合，然后打结固定。同时，取新砖一块加热，喷上一些食醋，用数层布或毛巾包裹，放在阴门外热敷，以利子宫复原，防止再脱。

（2）药物治疗　子宫整复后，应同时使用药物治疗。处方1：头孢噻呋钠4克，双黄连注射液80毫升，肌内注射，每天2次，连用3天。处方2：葡萄糖酸钙100克，25%葡萄糖1 500毫升（或50%葡萄糖500～1 000毫升），地塞米松磷酸钠15毫克，维生素B_1 20毫升，维生素C 20毫升，静脉注射，每天1次，连用3天。

（3）使用泻剂　灌服液状石蜡（或植物油）补液、强心、解除酸中毒。5%葡萄糖生理盐水注射液，安钠咖注射液20毫升，5%碳酸氢钠溶液，一次性静脉滴注。

治疗腹围肿用鱼石膏，然后注射速尿。

2. 口炎　以病驴流涎和口腔黏膜潮红、肿胀或溃疡为主要临床症状。

治疗时首先要检查病驴口腔，多喂柔软饲料，用生理盐水、小苏打或0.1%高锰酸钾溶液等冲洗口腔。

3. 驴蹄子烂病　驴蹄叉角质腐烂时，应削去腐烂的角质，用3%来苏儿或过氧化氢彻底清洗后，填塞高锰酸钾粉或硫酸铜粉和浸渍松馏油的纱布条后，装以带底的蹄铁（薄铁片、橡胶片、帆布片等均可）。对严重的病例，除将腐烂角质彻底削除外，应对伴发炎症的蹄叉真皮用锐匙刮削，如已坏死，应彻底清除坏死组织，甚至可削去大量的皮下组织。消毒后，撒布碘仿磺胺粉，必要时，也可撒布高锰酸钾粉，用浸渍松馏油的纱布条、棉花、麻丝等压紧患部，装带底蹄铁。对轻症病例，清洗患部，除去赘生物后，应用水杨酸硼酸合剂治疗，取水杨酸2份，硼酸1份，混合均匀，撒布于患部厚2～3厘米，敷盖纱布，装以带底蹄铁。隔2～3天换药1次，病情好转时，可延长换药时间。对重症病例，应进行手术疗法。

4. 驴肉瘤病 该病给养殖户带来较大的经济损失（图4-16）。

图4-16 驴肉瘤病症状

治疗时先用双盐水药物清洗肉瘤伤口处，将阿苯达唑片碾碎加入伊维菌素软膏，然后将软膏涂抹在肉瘤伤口处。大的肉瘤用手术线将根部紧紧绑住。

第五章 《
疆岳驴养殖模式

一、疆岳驴精养户驴源模式

先引导养驴农户加入驴产业联盟或合作社，根据政策条件帮助养驴农户变为养驴户，再把养驴户变成精养户，即把普通农民变成技术工人，将散养变成精养。精养户作为南疆养驴区域驴产业的主体，在养驴农户、散养户的基础上发展精养户达到10 000家以上，按照养驴数量将精养户分为不同等级，如小户5～10头、中户10～15头、大户15～20头。精养户采取统一的标准化饲养模式，做到草精、料精、管理精、服务精、产品精。对精养户进行定期培训与指导，并由畜牧兽医站负责检疫及繁育工作。

精养户与标准化挤奶托养所签订哺乳母驴领养协议，将驴集中到标准化挤奶托养所挤奶，而托养所支付精养户每头哺乳驴泌乳期间的分红。精养户可将产驹母驴和驴驹一并交由托养所，托养所免费负责将产驹母驴饲养至产奶期（6个月）。即托养所提供饲养技术、配种等帮扶，驴驹可由精养户自行饲养，也可由托养所按市场价回购。标准化挤奶托养所与企业签订驴奶回购协议，同时为确保驴奶品质，所生产鲜驴奶按市场价由企业收购（30～33元／千克）。尽管加工乳企已经具有乳质检测相关设备，但尚未建立按质计价的收乳制度，这将阻碍精养户提高乳品质量的积极性，不利于保持产品品质，有损于驴奶产业持续发展。另外，在建立按质计价生乳检测规范时，须建立第三方介入的生乳检测机制，以保证公平公正。

二、疆岳驴规模化养驴模式

1. 规模化养殖场　驴存栏量300头以上即规模化养殖场，可作为示范点，对养殖大户及精养户起到示范和引导的作用。规模化养殖场既有对精养户的指导义务，又有经济利益连带关系，产品销售上是利益共同体。规模化养殖场的对外合作是以产业联盟的形式出现。

2. 龙头企业　驴年存栏量1 000 ~ 3 000头，对驴相关产品建立了可追溯系统，可以对产品的来源、加工、质检、交易明细、物流等进行实时追踪。龙头企业肩负开拓市场、创新科技、带动农户和促进区域经济发展的重任，可以为养殖户提供系统化服务，带动养殖户增收，推动驴产业发展（图5-1至图5-5）。

图5-1　驴原料加工厂

图5-2　驴饲草料种植基地

图5-3　驴规模化养殖场

图5-4　驴皮加工

图5-5　驴产品质量溯源

第六章 《
疆岳驴产品

一、驴骨的利用

（一）驴骨的组成

驴骨由骨组织、骨髓和骨衣组成。骨组织营养丰富，蛋白质、脂肪的含量与等量鲜肉相似，钙、磷、铁、锌等矿物质元素是鲜肉的数倍，且比例适宜。

骨蛋白是较为全价的可溶性蛋白质，生物学效价高。另外，骨髓中含有大脑不可缺少的磷脂质、磷蛋白、胆碱以及加强皮层细胞代谢和防衰老的骨胶原、类黏朊、酸性黏多糖（即软骨素）、维生素等。

（二）驴骨的用途

驴骨的用途很广，其中最普遍的用途为加工骨粉，供作畜禽饲料，质量较差的骨粉可以作肥料。此外，驴骨还可以提取油脂，加工骨胶、骨炭和各种工艺品等。

世界各国都在重视骨资源的开发利用，目前开发骨食品前景广阔。骨食品不仅具有营养、保健的意义，而且可提高产品附加值，变废为宝，减少环境污染源，提高经济效益。同时，骨食品发掘了营养食品的新资源，促进了相关学科的发展。

（三）驴骨的贮存

驴骨保存不适当时，会降低其品质，甚至失去利用价值，因此保管时应特别注意。

　　新鲜的驴骨含有大量水分，并带有残肉、脂肪和结缔组织等，很容易引起腐败。骨的腐败和分解过程的速度与堆放的方法（堆的大小与厚薄）有关，与温度、通风、湿度、污染程度也有密切的关系。湿骨应堆放在低温、空气流通和不潮湿的场所，堆垛不宜过高，避免阳光直接照射。潮湿和不通风的场所，容易引起驴骨发霉，应每隔3～5天要翻动一次。干燥的驴骨可置于温度较高的场所保存，但也要注意通风和避免阳光直射。在气温较低的地方，春、冬季驴骨可露天保存，但在骨堆四周应盖上罩布或其他覆盖物，防止沙石和尘土沾污。

　　新疆气候相对干燥，驴骨的保存时间会更长一些。但因为驴的养殖通常非常分散，屠宰的时间也很分散，因此也要注意驴骨的贮存。

二、驴奶与激素的开发

　　近年来，随着对驴奶产品的不断深入研究和开发，驴奶产品已逐渐成为养驴业一个新的分支和重要组成部分（图6-1）。同时，人们充分利用驴的特殊生理生化及生物学特性，进一步研究开发出其他驴产品，如从孕驴血中提取孕马血清促性腺激素生产繁殖激素，这不但丰富了驴副产品的种类，而且利用高科技技术，产

图6-1 驴奶加工厂

品经过深加工后附加值得到提升，极大地提高了养驴的经济效益，促进了养驴业的发展。

（一）驴奶的开发

1.驴奶的营养成分 驴奶是由乳蛋白、乳糖、乳脂、矿物质、维生素、酶和水分等物质组成的，是一种复杂的胶体溶液，呈白色或乳白色。通常把除水分以外的成分称为干物质。

（1）乳蛋白 驴奶中总蛋白质含量较低，只有1.7%左右。但驴奶中蛋白质的质量较高，乳清蛋白所占的比重较大。一般来说，哺乳动物乳中蛋白质主要由酪蛋白和乳清蛋白组成，此外还有乳脂肪球膜蛋白。由于乳清蛋白易于被人体消化吸收，且含有大量的功能蛋白，所以普遍认为乳清蛋白所占比重大的乳其营养价值要优于其他乳。

牛、羊等反刍动物乳中酪蛋白含量很高，而人、驴等单胃动物乳中乳清蛋白的含量较高，驴奶的这种蛋白质组成和人乳很接近，与牛乳相比更适合给婴儿饮用。

（2）乳糖 乳糖是哺乳动物乳腺分泌的一种双糖，是乳中主要成分之一，也是婴幼儿和哺乳动物幼仔哺乳期热能的主要来源。驴奶中除乳糖外，尚含有一些单糖和寡糖等。驴奶中乳糖含量较高，达6.6%左右，接近于人奶乳糖的含量。驴奶中乳糖除了为幼驹的生理活动提供能量外，也可促进肠道内钙、磷的吸收，参与机体组成和在细胞活动中发挥重要作用。

（3）乳脂 驴奶中脂肪含量一般在0.3%～1.8%之间，其含量和组成受饲料、季节、泌乳期以及挤奶方式等因素的影响。与其他来源的脂质相比，乳脂中通常含有较多种类的脂肪酸，其中人和动物无法合成的某些脂肪酸，称为必需脂肪酸，须从日粮中摄取以满足机体需要。必需脂肪酸多属于不饱和脂肪酸，其中以亚油酸、亚麻酸和花生四烯酸最为重要。驴奶中饱和脂肪酸和不饱和脂肪酸的比例接近1∶1，而牛、羊等反刍动物由于瘤胃微生物对日粮中不饱和脂肪酸的氢化作用，导致乳中不饱和脂肪酸所占的比例相比驴奶小。

（4）矿物质　驴奶中含有钙、磷、钾、钠等矿物质和铜、钴、锌等微量元素。灰分总量为0.34%～0.4%。驴奶中矿物质组成有两个特点，一是富硒，硒的含量高达0.1微克/毫升，是牛奶的5.2倍，属于天然富硒食品；二是钙磷比例合理，钙磷比例为1.77：1，和人奶的钙磷比例2：1最为接近，容易吸收利用。医学研究已经证实，富硒食品对抑制人体癌细胞繁殖、生长、扩散有着积极的作用。

（5）维生素　驴奶中含有多种维生素，如维生素A、维生素C、维生素E、维生素D和B族维生素等。维生素A和维生素E溶于脂肪或脂肪溶剂，称为脂溶性维生素，驴自身不能合成，来源于饲料之中。维生素C和B族维生素等溶于水，称为水溶性维生素，马体可以合成，也可以从饲料中获得。特别是维生素C，驴奶中含量较高，每100克驴奶含维生素C 4.75毫克，是牛乳的4.75倍，而人奶每100克含维生素C 5毫克，和人奶极为接近（表6-1）。

表6-1　不同家畜的奶和人奶的营养成分

化学成分	奶品种					
	人奶	驴奶	驼奶	羊奶	牛奶	马奶
乳清蛋白（%）	71.00	64.30	10.20	22.90	19.80	—
硒（微克，按100克计）	—	10.00	—	1.75	1.94	1.70
维生素（毫克，按100克计）	5.00	4.75	—	—	1.00	
脂肪（%）	3.4	1.1	5.7	7.9	3.7	1.7
胆固醇（毫克，按100克计）	11.0	2.2	—	31.0	15.0	
乳糖（%）	7.4	6.4	4.2	4.5	4.8	6.2
钙磷比	2：1	1.77：1	—	—	—	

（6）水分　占驴奶重量的90%左右。驴奶中水分是以游离状

态存在的，是乳汁的分散相，奶中的其他成分以各种分散相分散于水中。少部分水（2%～3%）以氢键和蛋白的亲水基结合，成为结合水，这部分水已失去了溶解其他物质的特点，只能在较高的温度下蒸发。

2.驴奶生产方式 驴奶生产一般是利用现有舍饲条件，进行季节性生产。每年6月初开始，10月中旬结束，一年大约生产4.5个月。具体方法是选择产奶性能较好的母驴，使驴驹与母驴分离，对母驴进行挤奶；下午6时到第二天早晨8时，将驴驹放开，随同母驴一起吃奶、吃草。这种方法有55%～60%的驴奶被驴驹吃掉，只有40%～45%的驴奶可供生产商品，基本能保证驴驹的正常发育。如果条件具备，可对母驴和驴驹进行适当的补饲，这样既可提高产奶量，也可以保证驴驹发育良好。季节性生产驴奶，需要一定的建筑和设备，也需要大量的饲草和精饲料。

3.驴奶产品

（1）鲜驴奶 鲜驴奶采集使用自动清洗温控挤奶机（图6-2），可有效降低鲜奶挤出温度，防止酸败，将鲜奶在12小时内送达工厂，可使奶源免受污染。新鲜驴奶超高压灭菌加工，很好地保留

图6-2 自动清洗温控挤奶机

了鲜驴奶原始的口感风味和活性营养物质，提升了驴奶保鲜品质，延长了货架期（图6-3）。鲜驴奶储存方法为0～5℃冷藏保存。保质期为14天。食用方法为将鲜驴奶摇匀后直接饮用（图6-4）。

图6-3　鲜奶生产线

图6-4　鲜驴奶产品

（2）冻干驴奶粉

①驴奶粉介绍　鲜驴奶经过喷雾干燥，可制成驴奶粉。这种奶粉湿度不超过3%，细菌培养率不高于一级，可溶性99%～99.5%，基本上保持了驴奶的营养价值，保存期可达一年之久，是婴幼儿理想的乳制品。驴奶粉的生产，解决了农牧区交通不便、运输困难和季节性生产等难题。

②驴奶粉加工方法　驴奶粉生产目前主要采用的是浓缩喷雾干燥法，干燥塔入口处温度应控制在125～135℃，出口处也要保持在65～70℃，奶粉干燥期间温度为60℃。每100千克鲜驴奶原料可出驴奶粉9.07千克。

低温冻干奶粉的关键技术是鲜驴奶经–45℃超低温真空冻干，溶解后的乳中免疫球蛋白遇水复苏，鲜驴奶的有效营养成分及色、香、味、口感等最初状态得以保留（图6-5、图6-6）。

冻干驴奶粉与传统喷雾干燥奶粉的对比见表6-2。

图6-5　低温冻干奶粉生产线

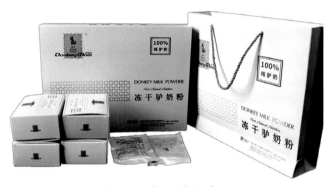

图6-6　冻干驴奶粉产品

表6-2　冻干驴奶粉与传统喷雾干燥奶粉的对比

特点	冻干驴奶粉	传统喷雾干燥奶粉
工作原理	将鲜驴奶中的水分通过真空处理，冷冻液体升华变为气态，从而得到冻干驴奶粉	将鲜奶混合液用喷雾器将液体喷入热气瓶中，雾化液体在干燥室内的蒸汽热空气中快速蒸发，固体以粉末形式回收
口感	具有鲜驴奶细腻甘甜的风味	具有掺入配方营养或葡萄糖粉的甜味或奶味
外观	呈乳白色结晶状，无论如何粉碎都熠熠生辉。	呈乳黄色粉状，有极少结晶粉

（续）

特点	冻干驴奶粉	传统喷雾干燥奶粉
溶解度	遇冷水也可快速溶解，还原成鲜乳状	难溶于冷水，久置后出现普通蛋白质沉淀，免疫球蛋白已受热凝固成普通蛋白质
显微镜观察	溶解后的驴奶粉中免疫球蛋白遇水复苏，在显微镜下呈现动态活性	无动态活性
食用	驴乳味甘冷利，不会产生上火症状	易口渴、上火

（3）冻干驴奶恰玛古粉 恰玛古是新疆地区人们长期食用的一种蔬菜，是一种高碱性药食同源食物。恰玛古粉芜菁味甘、辛、苦，性温，入胃、肝、肾三经。驴奶恰玛古粉生产，采用冻干工艺，完整地保存了驴奶粉和恰玛古粉中的营养成分，减少了高温过程造成的营养流失，避免造成后期干燥时微生物超标。冻干驴奶恰玛古粉营养更丰富、更全面，能迅速被人体吸收，还可以补充人体所需蛋白质、类黄酮皂苷、亚油酸粗纤维等（图6-7）。

图6-7 冻干驴奶恰玛古粉产品

（4）驴酸奶　乳酸菌发酵的驴奶制品以鲜驴奶为主要成分，通过鼠李糖乳杆菌、罗伊氏乳杆菌、植物乳杆菌发酵驴奶产生大量的抗菌肽，对致病菌产生抑制作用，不仅能调节肠道菌群，改善肠道功能，促进消化吸收，增加肠胃蠕动和机体的新陈代谢，还对免疫功能具有一定的调节作用（图6-8）。

（5）冻干驴酸奶片　驴酸奶片保留了驴奶的营养和风味，可以补充营养和促进消化吸收（图6-9）。

图6-8　驴酸奶产品　　　　　图6-9　冻干驴酸奶片

4. 科技创新　从事驴奶产品开发的企业与喀什大学等合作共建教学、科研、实习基地；与青岛农业大学、中国农业大学、新疆畜牧科学院等建立长期的科研项目开发新产品；与新疆维吾尔自治区人民医院等单位围绕驴奶产品的深度应用开展联合攻关，研发以驴奶为基材的非透析慢性肾病病人全营养配方食品、肝病病人全营养配方食品、肿瘤病人全营养配方食品、创伤及手术与应急状态病人全营养配方食品、慢性肺阻塞病人全营养配方食品、玉昆仑全营养配方食品6个特殊医学用途配方食品。

代表性企业新疆玉昆仑天然食品工程有限公司，运用自主发明的专利技术和"杀菌锁鲜"技术，按食品安全标准组织生产，有效地保留鲜驴奶自然原味及完好的天然营养成分，生产出全新一代新鲜、安全、营养、健康、时尚的驴奶食品（图6-10）。

图6-10　新疆玉昆仑天然食品工程有限公司驴奶原料加工厂地

（二）激素的开发

孕马血清促性腺激素是从妊娠母马（驴）血清中提取的一种生殖激素。

1.功能

（1）促进动物发情。孕马血清促性腺激素具有促卵泡激素功能，可促进马、牛、羊、猪发情。

（2）促排卵，具有促黄体素功能，可促进母体排卵。

（3）促进黄体形成，保证母体分泌孕酮，对胚胎着床有利。

（4）促进精细管发育和性细胞分化，提高公畜性欲和产生精子的能力。

（5）提高羊的双羔率。

2.用途

（1）促进牛、羊、马、猪发情排卵，尤其是提高牛、羊的显性发情比例。

（2）用于牛、羊同期发情、超数排卵和胚胎移植等。

（3）用于提高羊的双羔率。

（4）用于提高公畜性欲和促进精子生成。

3.生产状况　孕马血清促性腺激主要来自马属动物（马、驴、骡及其杂交体）的胚胎。其主要存在于妊娠的马属动物的血清中。其含量受胎体遗传型、妊娠时期、个体类型等因素影响。

一般母畜妊娠40天左右开始分泌，70天左右达到最高峰，120天左右开始下降，150～180天时血液中消失。

目前，国内孕马血清促性腺激素有粗提制品生产和纯制品生产两种。前者生产工艺设备简单，投资小，产品纯度不高，价格低，平均为每1 000国际单位8元；后者纯度高，工艺设备复杂，投资大，产品价格高，平均为每1 000国际单位15元。国外已有厂家利用现代高科技提纯分离技术，生产出效价更高的高纯制品，其价格为每1 000国际单位500元。

孕马血清促性腺激素的供应在国内外都因孕马血清资源有限，产量始终无法满足市场需求（表6-3）。

表6-3　驴、马怀不同胎体时外周血中孕马血清促性腺激素效价均值

（小鼠单位／毫升）

怀胎类型	妊娠时间（天）					
	35	55	75	95	120	平均值
驴怀骡	16.7	2 100.0	1 483.3	675.0	265.0	908.0
马怀马	0.0	716.7	933.3	441.7	96.7	437.7
驴怀驴	36.7	350.0	423.3	250.7	175.0	247.3
马怀骡	<10.0	<10.0	<10.0	<10.0	<10.0	<10.0

从表6-3可知，驴怀骡时血清中的孕马血清促性腺激素效价最高，马怀马次之，再次为驴怀驴，而马怀骡最低。因而，我们不仅可以通过驴怀骡来制取孕马血清促性腺激素，还可以通过提高驴怀骡的受胎率来生产高效的孕马血清促性腺激素。

三、　驴皮的开发

（一）驴皮加工

驴皮除可加工成皮革外，更重要的是可以熬制成药材——

阿胶。阿胶一般用黑色驴皮熬成，性味甘平，入肺、肝、肾三经，能滋阴养血，生肌长肉，滋阴润燥，止血安胎，为外治脓疡的重要药材。可直接烊化服用。

视频7

阿胶的加工，是先将带毛的驴皮放入凉水中浸泡，每天换水2次，连泡4～6天，驴皮拔毛后取出，用刀刮净，除去内面的肉、脂，切成小块，再用清水泡2～5天。放锅内加热，熬制约3天，锅内液汁变得稠厚时，用漏勺把皮捞出，继续加水熬制。如此反复5～6次，直至皮内胶汁熬尽，去渣，将稠厚液体与各次熬制所得胶汁一起放入锅内，用文火加温浓缩，或在出胶前2小时加入适量黄酒及冰糖，当熬成稠膏状时，倒入涂有麻油的方盘内，冷却凝固后取出，切成厚0.5厘米、长5厘米的块状，放在阴凉通风处阴干，即成阿胶成品（图6-11、图6-12）。

图6-11　驴皮的贮藏

图6-12　驴皮的加工

（二）驴皮的药用价值

以驴皮为主要原料的阿胶生产是疆岳驴产业链中最重要的一环。阿胶和人参、鹿茸同时被列为中药三大瑰宝，主要具有补血、止血、增强免疫力和抵抗力的功效。

李时珍的《本草纲目》把阿胶誉为补血圣药。阿胶善于治疗血虚引起的各种症状，而且主要是治疗各种原因引起的贫血。同时阿胶还可以起到保护、滋润皮肤的作用，服用阿胶会使皮肤看起来更加红润、光泽、健康。阿胶有增强体质、改善睡眠、延缓衰老、提高免疫力、抗疲劳、抗辐射、提高血红蛋白含量、升高白细胞数量、改善骨质疏松等作用。

（1）补血和治疗血液疾病　阿胶适用于缺铁性、失血性、营养性、再生障碍性贫血等多种原因引起的贫血患者。改善血虚眩晕、心悸等。阿胶对血红蛋白和红细胞增长的促进作用可能优于铁制剂。

（2）止血　适用于一切血证，如便血、尿血、气血亏损、流鼻血、胃肠溃疡出血、血小板减少症，甚至吐血。

（3）治疗妇科疾病　可用于治疗月经紊乱、月经过多或过少、功能性子宫出血、经期腹痛、月经不调等妇科病症。

（4）保胎、安胎和防治产后病　阿胶自古以来就是保胎良药。孕妇产前和产后服用阿胶有利于胎儿的成长和产后身体的恢复。

（5）治疗咳嗽　中医认为，肺喜润恶燥。阿胶可用于治疗由燥邪伤肺引起的干咳少痰，痰中带血，口舌干燥。另外，阿胶还可用于治疗通常所说的结核咳血。阿胶可以补肺阴、补肾阴，同时又能润肺、止咳、止血。

（6）治疗腹泻　阿胶可用于治疗阴虚型的腹泻、血便，临床上将阿胶与一些药物配伍服食，可用于治疗慢性结肠炎或肠炎、慢性细菌性痢疾，效果很好。

（7）防癌抗癌　中医临床上常用阿胶配以其他药物治疗白血病、鼻咽癌、食道癌、肺癌、乳腺癌等。作为化疗患者的辅助药品，阿胶可以通过补血减少其他抗癌药物和化疗的毒性，还可提高肿瘤患者淋巴细胞转化率，抑制肿瘤生长，改善症状。

（8）改善睡眠　阿胶通过滋阴养血补虚，制约扰动心神之火，维护神经功能，具有较强的镇静作用。适用于阴虚心烦失眠，特别是大病、发热伤阴后导致的失眠、心烦症状。

驴皮还可加工制作成阿胶糕，发挥补血补气、固本培元、理气解郁、调经止痛的作用。

（三）阿胶系列食品

视频8

2016年4月25日，在上海召开的上海喀什产业援疆促进就业工作汇报会上，在上海市驻喀工作前方指挥部牵线搭桥下，新疆金胡杨药业有限公司与上海上药神象健康药业有限公司一拍即合，开展了金胡杨阿胶的合作项目。上海工匠把"淡皮、两面光"的南胶工艺精粹带到喀什，新疆金胡杨药业有限公司按照标准和技术要求生产阿胶，终于让金胡杨阿胶在长三角及珠三角地区绽放异彩（图6-13、图6-14）。

图6-13　阿胶产品

图6-14 阿胶系列食品

（四）阿胶的鉴别

阿胶的鉴别一是看外观，优势阿胶呈琥珀色或棕黑色，颜色微透，厚薄均匀；二是闻气味，真阿胶中有中药特有的胶香味，假阿胶有股杂味，甚至腥臭味；三是用手掰，真品质地脆硬，掰时不会弯曲，容易折断，伪品坚韧，不易打碎，甚至会弯曲；四是融化度，真品一般比伪品融化度好；五是尝一尝，取小块阿胶，放入口中品尝，真品清香，伪品发苦、发腥；六是查厂商，购买时，查看包装上的生产厂商及OTC标识。

视频9

参 考 文 献

陈宗刚, 李志和, 2008. 肉用驴饲养与繁育技术 [M]. 北京: 科学技术文献出版社.

杜立新, 2002. 种草养驴技术 [M]. 北京: 中国农业出版社.

农业农村部畜牧业司, 全国畜牧总站, 2018. 全株玉米青贮实用技术问答 [M]. 北京: 中国农业出版社.

托乎提·阿及德, 2002. 驴的标准化养殖 [M]. 乌鲁木齐: 新疆美术摄影出版社.

托乎提·阿及德, 2019. 毛驴科学养殖实用技术 [M]. 合肥: 安徽科学技术出版社.

杨金三, 李文彬, 李振东, 1987. 养驴 [M]. 北京: 中国农业出版社.

王占彬, 董发明, 2003. 特种畜禽无公害养殖: 肉用驴 [M]. 北京: 科学技术文献出版社.

张居农, 2007. 实用养驴大全 [M]. 北京: 中国农业出版社.

周自动, 张居农, 1999. 肉用驴饲养 [M]. 北京: 科学技术文献出版社.

图书在版编目（CIP）数据

疆岳驴养殖实用技术/托乎提·阿及德主编. —北京：中国农业出版社，2022.1
ISBN 978-7-109-29063-1

Ⅰ.①疆…　Ⅱ.①托…　Ⅲ.①驴-饲养管理　Ⅳ.①S822

中国版本图书馆CIP数据核字（2022）第016300号

中国农业出版社出版

地址：北京市朝阳区麦子店街18号楼
邮编：100125
责任编辑：王森鹤　郭永立
版式设计：杨　婧　责任校对：吴丽婷　责任印制：王　宏
印刷：中农印务有限公司
版次：2022年1月第1版
印次：2022年1月北京第1次印刷
发行：新华书店北京发行所
开本：880mm×1230mm　1/32
印张：3.5
字数：90千字
定价：28.00元
